本书是国家自然科学基金面上项目"基于低质量专利申请抑制效应的专利收费结构优化研究"（项目批准号：71974145）的阶段性成果。

ZHUANLI FEIYONG DE
ZHENGCE GONGNENG JIQI XIAOYONG YANJIU

专利费用的
政策功能及其效用研究

文家春　著

全国百佳图书出版单位

—北京—

图书在版编目（CIP）数据

专利费用的政策功能及其效用研究/文家春著. —北京：知识产权出版社，2023.12
ISBN 978-7-5130-9015-5

Ⅰ.①专…　Ⅱ.①文…　Ⅲ.①专利—管理—费用—研究　Ⅳ.①G306.3

中国国家版本馆 CIP 数据核字（2023）第 240921 号

内容提要

本书对专利费用的政策功能与效用进行了系统研究。首先，对专利费用的起源及我国的发展现状进行了分析，并对世界上一些国家和地区的专利费用政策及其发展趋势进行分析，同时回顾了与专利费用政策相关的理论研究现状。其次，在分析专利费用政策功能一般理论的基础上，分别研究了专利费用政策对专利制度运行和技术创新的作用机理。最后，将理论研究与我国专利费用政策实践相结合，提出了相关完善建议。本书适合知识产权研究者和实务工作者阅读。

责任编辑：韩　冰　　　　　　责任校对：王　岩
封面设计：杰意飞扬·张　悦　　责任印制：孙婷婷

专利费用的政策功能及其效用研究
文家春　著

出版发行：**知识产权出版社** 有限责任公司	网　　址：http://www.ipph.cn
社　　址：北京市海淀区气象路 50 号院	邮　　编：100081
责编电话：010-82000860 转 8126	责编邮箱：83930393@qq.com
发行电话：010-82000860 转 8101/8102	发行传真：010-82000893/82005070/82000270
印　　刷：北京九州迅驰传媒文化有限公司	经　　销：新华书店、各大网上书店及相关专业书店
开　　本：720mm×1000mm　1/16	印　　张：14.25
版　　次：2023 年 12 月第 1 版	印　　次：2023 年 12 月第 1 次印刷
字　　数：227 千字	定　　价：89.00 元

ISBN 978-7-5130-9015-5

目 录

CONTENTS

专利费用政策及我国的实践情况

1.1 专利费用政策及其起源

纵观世界各国的发展历史，我们发现，快速发展的国家无一例外地具有强大的技术力量。在强大技术力量的背后，这些国家又无一例外地都对发明创造活动提供了专利制度的保护和激励。18、19 世纪英国爆发近代工业革命时，其工业化发展水平已经远超欧洲大陆的其他国家，而此时，专利制度在英国已经植根 300 多年。美国在立宪之初，就将专利制度纳入制宪议题并写入宪法。日本在短时间内移植并发展了专利制度，极大地影响了其现代化进程。作为促进技术进步和经济发展的制度供给，专利制度的建设和发展必须立足于本国的技术和经济发展水平，这也导致了各国专利制度及一国专利制度的不同发展阶段出现了较大的差异化。同样地，在复杂而精密的专利制度中，专利费用既是政府维护专利制度运行的必要成本来源，又是政府调控专利制度运行效果的重要政策工具。各国在专利制度的不同发展阶段根据本国的技术和经济发展水平采取了不同的专利费用标准。

实际上，"专利费用"一词在不同的语境下使用有不同的含义。狭义的专利费用，主要指专利申请人和专利权持有人因实体性和程序性权利的要求依法向政府缴纳的各类申请费、注册费、登记费、维持年费、权利修正费、变更费等；而广义的专利费用则贯穿于专利运营的各个环节，除前述费用之外，还包括信息检索、咨询服务、鉴定评价、产业化实施等方面的费用。在本书中，专利费用指专利申请人或者专利权人为了申请和维持专利权而支出的各项费用。各国家和地区的知识产权管理机构，若无特指，均称为专利局。

当今，为了维护和发展本国的产业技术经济，在激烈的国际贸易中谋取有利的竞争地位，各国专利局普遍重视运用专利费用政策的调整来提高整个专利制度的运行绩效，有些国家甚至将其上升为一种战略性外贸政策工具加以运用。当然，在专利费用政策的具体运用上，由于专利制度的发展历程及国情的不同，各国表现出了不同的特征。

理论界和实务界关于专利费用政策的争论由来已久，如美国专利实务界在20世纪50年代就有过关于专利费用政策的争议。在一场关于专利费用政策水平的讨论上，专利律师费舍尔在回应美国专利法协会成员沃森的讲话时就提出，美国专利商标局为了履行其各项职能而应该收取什么费用的问题。当时，美国专利商标局刚刚开始面临日益增加的积压的专利申请和对审查质量的担忧，试图通过对专利费用政策的讨论来确定如何优化专利费用政策，以降低专利申请人的专利申请倾向。在当时的美国专利制度中，专利费用被普遍认为是"申请人友好型"的，即费用水平较低，在费用设置上仅仅考虑了费用总体水平如何实现与美国专利商标局支出的平衡，以及参考了其他国家和地区的专利费用水平。美国专利商标局确定为自筹资金类的专利局，这就要求其资金运作上通过收取专利费用来应付其业务支出，那么，专利费用政策的调整目标之一就是为了适应专利局的自我运作。最初，美国专利费用水平的确定参考了美国普通工人的收入水平，以非熟练工人平均工资指数为标准，将申请专利的费用定为 5 美元左右，这一费用水平大约相当于现在的 2300 美元。实际上，参考美国普通工人收入水平确定的专利费用标准较低，并没有将费用政策作为专利申请的杠杆，该费用水平低于其他国家确定的费用标准。事实上，低费用水平实施之后的第 3 年，即 1793 年，美国就通过专利法的修改大幅增加了申请专利的费用，费用标准为 30 美元，这一费用水平大约相当于现在的 10700 美元。这项关于专利费用政策的改革，使美国与欧洲的专利体系更具可比性，基本上都采取了高额度标准的专利费用政策。

其他国家的专利费用政策同样经历了改革的过程，如 1883 年英国的专利法改革也是将费用政策作为其主要的改革内容，主要对专利维持费的收取方式进行了改革，将一次性收取的维持费改革为定期缴纳维持费用，以体现维持费用随着维持年限的增长可能出现的专利权人根据不同专利的价值采取的不同的维持意愿。

实际上，从专利局的角度，收取维持费除了能够调节专利权人的行为，还是自筹资金类专利局获得收入的主要来源，也是自筹资金类专利局用以支付管理费用的主要资金来源。从专利局总体费用水平不变的角度来看，如果授权后维持费用提高，可能有助于降低提交专利申请需要缴纳的费用水平，这可能会在一定程度上起到鼓励提交专利申请的目的。因为这种费用制度，存在这样的假设，即在专利权生效一段时间之后，专利权人由于行使了专利权获得了收益，其负担费用的能力得到了改善，可以负担的费用水平也越来越高，因此，授权后一段时间的专利权人的支付能力，可能比在提交专利申请时的专利申请人的支付能力更强。

平衡自筹资金类专利局的财务预算与参考其他类型专利局的收费水平，以及调整专利申请人或专利权人的倾向性，是专利费用政策的制定者需要考虑的因素。但实际上，从现实的角度来讲，大多数专利局在设置专利费用种类、水平、减免政策时，较少考虑对专利申请人和专利权人行为和福利的影响因素。这一政策制定倾向可能是由于政策制定者普遍认为专利费用不会影响专利申请或者专利维持的实践。

由于专利申请人或专利权人需要向专利局支付的实际费用只是获取或维持专利权成本的一部分，可能还需要支付包括专利申请代理费、翻译费等其他费用，因此政策制定者普遍存在的直觉导致其认为政府或专利局收取的专利费用的变化并不会真正地影响专利申请人或专利权人的行为，包括是否申请专利及是否维持专利权的决策。实际上，这种专利费用政策不重要的直觉不仅在理论上被讨论，在实践中也会被采纳，很多关于专利费用政策的改革就源于这种直觉。如美国在1964年再次大幅提高专利费用水平的改革中，作为专利改革小组委员会主席的美国参议员麦克莱伦就在该改革的理由部分表示，这次改革所针对的只是获得专利过程中涉及的法律程序上的费用，而这种费用水平在美国及其他国家一直都在提高，但很显然，各国并没有因为费用提高而减少专利申请数量，专利申请数量反而不断增加。因此，其认为提高专利费用标准的改革是符合专利制度运行需要的，不会导致降低申请意愿和阻碍创新。

最早意识到专利费用政策可能会影响专利申请人或专利权人行为的是欧洲专利局。欧洲专利局的经济政策专家通过开展一些调查研究和实证研究，发现专利费用政策可能是可以用作政策工具的，即用作调节专利申请人或专利权人行为的政策工具。欧洲专利局开展了多次关于专利费用政策的讨论，这在一定程度上说明了欧洲专利局对专利费用政策的态度正在发生变化。例如，2000 年，欧洲专利局国际法律事务主任 Gert Kolle 就曾表示，欧洲专利局的两个主要挑战是应对专利申请数量的快速增长和找到降低专利成本的有效手段，其认为欧洲专利局的专利费用水平需要降低，可以通过节省成本的方式实现这种降低，其目的是为申请人提供一套使用得起的专利制度。后来在 2007 年，欧洲专利局局长 Alison Brimelow 也表达了同样的立场，即专利局应该致力于通过专利费用政策的改革，使专利费用水平覆盖专利局成本的同时，为专利申请人和专利权人提供更高的创新激励水平，这使得政策制定者开始考量专利费用政策可能具有的对创新的激励功能。其后的欧洲专利局局长 Ciaran McGinley 也承认欧洲专利局一直实施的专利费用政策可能是不当的，且全球专利局存在专利申请费用过低的倾向，这使得全球专利变暖，即在专利申请领域出现了过热的现象，过多的专利申请让各国专利局普遍承受越来越大的审查压力，而过低的费用标准可能是造成这种困境的根源之一。当然，这些政策的讨论与政策制定者的出发点，都是以专利费用可能会影响专利申请人或专利权人行为为理论基础。即过低的费用水平可以被视为对某些类型的行为的激励，如专利申请费用对专利申请行为的激励，专利维持费用对专利维持行为的激励；而过高的费用水平则是抑制因素，即过高的申请费用抑制专利申请行为，过高的维持费用抑制专利权人的维持行为。当政策制定者开始考虑专利费用政策的经济效应时，意味着专利费用政策可能会对专利制度使用者发挥作用，并且基于这种经济效应的分析制定合理的专利费用政策。

可见，专利费用政策是专利制度的重要环节之一，起源于中世纪英国国王授予专利特权时所收取的费用，其作用在于补偿政府专利管理的费用支出，减轻财政负担；同时，起到经济杠杆作用，改善专利质量。作为一种平衡公共利益和私人利益的立法技术，专利费用政策在专利制度的不断发展和完善过程中越来越成熟。我国自实施专利制度以来，专利费用政策一直发挥着重要的作用，随着我国专利制度的发展而不断完善。作为影响专利制度运行绩效、调节专利申请结构与质量、优化专利审查资源配置、调节专利维持时间的重要手段，专利费用政策随着环境的变化而不断完善。

实际上，近年来，各国普遍意识到专利费用政策的杠杆效应，开始注重发挥专利费用的政策工具作用。包括美国专利商标局、欧洲专利局以及日本特许厅在内的国外主要专利局近年来频繁对专利费用政策进行改革，改革的重点虽有不同，但改革的思路都是根据本国或本地区的实际情况，利用专利费用政策影响专利申请行为、专利维持行为，发挥专利费用对专利量和质的杠杆与调节作用，对本国或本地区的专利费用政策进行优化。过去很长一段时间以来，专利费用作为政策工具使用的理论研究被忽略，理论界关注得较少。但随着全球专利数量的不断增长，国外关于专利费用政策的理论研究渐渐兴起，国外学者通过理论或实证的研究方法研究了专利费用政策是否成为专利数量增长的背后推手之一。我国学者对于专利费用政策及其对技术创新的影响的理论和实证研究还有待进一步发展。

1.2　我国专利费用政策的沿革

我国于 1985 年根据当时的国情确定了专利费用标准。随着我国经济水平和科技创新水平的发展，专利费用标准做了多次调整。

在 1992 年的调整中，提高了 1985 年某些项目的专利费用标准，如发明专利申请费由原来的 150 元人民币提高到 300 元人民币，发明专利申请实质审查费由 400 元人民币提高到 800 元人民币。在 1994 年的调整中再次提高了某些项目的专利费用标准，如发明专利申请费由原来的 300 元人民币提高到 450 元人民币，发明专利申请实质审查费由 800 元人民币提高到 1200 元人民币。到了 2001 年，我国政府再次提高了部分专利费用标准，如发明专利申请费由 450 元人民币提高到 900 元人民币，发明专利实质审查费由 1200 元人民币提高到 2500 元人民币。

2008 年 12 月 27 日，第十一届全国人民代表大会常务委员会通过了《关于修改〈中华人民共和国专利法〉的决定》，修正后的《中华人民共和国专利法》（以下简称《专利法》）自 2009 年 10 月 1 日起实施。2008 年专利费用标准的调整增加了专利权评价报告请求费，保留了实用新型专利检索报告费，取消了发明专利申请维持费、中止程序请求费、强制许可请求费、强制许可使用裁决请求费。2020 年 10 月 17 日，《专利法》进行了最新一次修正，在最新修正的《专利法》中，对专利费用的相关规定并没有大的变动。

我国在 1994 年成为专利合作条约（PCT）的成员国，同时我国专利局（1998 年更名为"国家知识产权局"）成为 PCT 的受理局、国际检索单位和国际初步审查单位，并可以依照专利合作条约及其实施细则的规定成为国际申请的指定局和选定局。国际专利申请的费用包括两部分：一部分由受理局代国际局收取，主要包括国际申请费、国际申请附加费、手续费和指定费；另一部分包括可由我国国家知识产权局自主定价的传送费、检索费、附加检索费、初步审查附加费、优先权文件费等。由国家知识产权局自主定价的费用，1994 年以来，其费用也随着物价上涨分别在 2001 年、2003 年、2005 年、2008 年和 2023 年进行了调整，但每次调整的幅度不大。

在实施专利制度之初，考虑到我国国民申请专利的意识和经济承受能力，同步实施的还有专利费用缓减政策。该政策是针对缴纳专利费用确有困难的专利申请人或专利权人实施的一种缓缴或减缴专利费用的政策。缓缴专利费用的申请获得批准后，专利申请人或专利权人可以延迟缴纳专利费用；减缴专利费用的申请获得批准后，专利申请人或专利权人可以减少缴纳专利费用。伴随着专利制度在我国的实施和发展，专利费用缓减政策也经过多次的修订和完善。1985 年实施的专利费用缓减政策仅针对专利申请人是个人的情况，缓减项目包括申请费、发明专利申请维持费、发明专利申请实质审查费、复审费和前三年的年费，缓减比例为最高不超过这些项目费用标准的 80%。在实践操作中，一般按 80% 的标准执行。1987 年修订了缓减比例，由原来的 80% 下调至 50%。直到 1992 年，随着我国专利费用新标准的出台，相应地，也提高了专利费用缓减比例，由原来的 50% 提高至 75%，同时实施对单位申请人的专利费用缓减政策，缓减比例为 50%。1994 年我国调高专利费用标准时，专利费用的缓减比例也相应地调高，个人申请人的缓减比例由原来的 75% 调高至 80%，单位申请人的缓减比例由原来的 50% 调高至 60%。随着 2001 年我国专利费用标准再次调高，专利费用缓减比例相应地再次调整，申请费、发明专利申请实质审查费和授权后前三年的年费的缓减比例，个人申请人由 80% 调整为 85%，单位申请人由 60% 调整为 70%，发明专利申请维持费和复审费的缓减比例不变。2006 年，国家知识产权局颁布和实施了新修订的《专利费用缓减办法》，此次修订没有调整缓减比例，但对缓减程序进行了较大程度的完善。为了更好地支持我国专利事业发展，减轻企业和个人专利申请和维护负担，自 2016 年 9 月 1 日起实施新修订的《专利收费减缴办法》。国家知识产权局于 2019 年 6 月 28 日发布公告，将《财政部　国家发展改革委关于印发〈专利收费减缴办法〉的通知》（财税〔2016〕78 号）第三条规定可以申请减缴专利收费的专利申请人和专利权人条件，由上年度月均收入低于 3500 元（年 4.2 万元）的个人，调整为上年度月均收入低于 5000 元（年 6 万元）的个人；由上年度企业应纳税所得额低于 30 万元的企业，调整为上年度企业应纳税所得额低于 100 万元的企业。

从我国专利费用政策的发展历程来看，专利费用标准随着我国国民收入的增长、专利受理量的增加和审查力度的加大，也相应地多次调高。同时，从专利制度实施之初就一直对缴纳专利费用确有困难的专利申请人和专利权人实施的缓减专利费用政策也进行了多次调整。专利费用及其缓减政策的多次调整反映了我国政府为了优化专利制度的运行绩效，根据我国国情的变化调整专利费用政策的趋势。

1.3 我国专利费用政策的运行现状

1.3.1 我国专利费用种类设置

我国专利费用政策的机制设计，像其他国家的专利费用政策一样，在申请、授权和维持专利权的不同阶段，设置了不同的专利费用种类。不同的专利费用种类的设置目的不一样，所起到的效果也不一样。从专利费用政策的功效机制来看，有些专利费用项目的设置，主要是为了弥补某一程序耗费的公共资源，是按照"谁享用，谁付费"的原则设置的，如实用新型专利权评价报告请求费，由于在完成和制作实用新型专利权评价报告的过程中耗费了公共资源，因此提出实用新型专利权评价报告请求的当事人应支付相应的费用，这符合社会公共资源有效、公平利用的原则。还有些专利费用项目的设置，主要是为了发挥专利费用政策的杠杆效应来调节行为人的专利行为，如专利年费，在专利权授权后的维持阶段，为了维持该项专利权的有效性，专利权人需要每年支付相应的年费。此项专利费用的设置，主要是为了调节专利权人的行为，通过专利费用的杠杆效应，促使专利权人积极利用专利获得利益，同时促使专利权人在获利减少甚至不获利的情况下及早放弃该项专利权，从而使得社会公众可以免费使用该项专利而不受专利权排他性的约束。当然，更多的专利费用种类的设置，兼具了补偿政府专利管理的成本支出和发挥经济杠杆效应的功能，如申请费、发明专利申请实质审查费等。

根据我国现行的专利费用政策设置的专利费用种类较多。具体来说，主要包括专利申请阶段、审查阶段、授权阶段、维持阶段的申请费、公布印刷费、发明专利申请实质审查费、年费等。除了这些办理专利申请、授权和维持事务基本上必须缴纳的费用，还有办理特定事项提出相应请求才需要缴纳的费用，主要包括复审费、著录事项变更费、优先权要求费、恢复权利请求费、延长期限请求费、无效宣告请求费等。需要注意的是，后面这些专利费用并不是每个专利生命周期都必经的，只有在专利生命周期中需要办理上述事项并提出请求，才需要缴纳以上费用。

在专利费用种类的设置上，不仅应考虑费用种类设置的公平性，还应考虑费用种类设置的功效性。专利费用政策的功效是随着专利制度运行环境的变化而变化的，因此，在专利费用设置上也应考虑环境变化带来的问题。

1.3.2　我国专利费用标准设置

关于专利费用标准的确定，一直是实践中的难题，也是理论研究的热点之一。从理论研究的角度，专利费用标准的确定应紧密结合专利费用政策的导向和价值取向，不同导向和价值取向的专利费用种类，确定费用标准的原则和方法不一样。也就是说，专利费用标准的确定不是统一的方法，而应区分专利费用种类及其要发挥的功效，采用不同的原则。前已述及，专利费用设置的目的，主要包括三类：一是补偿性专利费用，此类专利费用的设置目的在于补偿专利生命周期中某一环节或某一事项耗费的公共资源；二是杠杆调节性专利费用，此类专利费用的设置目的在于发挥经济杠杆去劣存优的效应，从而增大社会福利；三是综合效应性专利费用，此类专利费用的设置目的不仅在于补偿公共资源的耗费，还需要其发挥一定的经济杠杆效应，大多数专利费用种类的设置基于此类目的。那么，不同专利费用种类发挥的功效不同，采取的费用标准确立原则也不一样。对于补偿性专利费用，标准确立的原则在于收取的费用能补偿公共资源的支出；对于杠杆调节性专利费用，标准确立的原则在于收取的费用能起到去劣存优的作用；而对于综合效应性专利费用，需要考虑的因素比前两者更复杂，不仅需要考虑是否能补偿公共资源的耗费，而且需要考虑能否发挥经济杠杆效应。

1.3.3　我国专利费用减免政策

我国专利费用减免政策与专利制度的实施同步，在施行专利法之初，基于我国国民专利意识普遍较低，经济承受能力也有限的情况，实施了专利费用缓减政策。从政策目的来讲，专利费用的缓减主要是为了解决确有困难的专利申请人或专利权人可能面临的缴费困难，从而使专利制度发挥应有的功效。实际上，从政策执行的效果来看，专利费用的缓减政策减轻了专利申请人或专利权人的经济负担，确实弥补了专利费用政策在运行过程中的某些缺陷，从而在一定程度上提高了专利制度的整体运行效率。在专利费用缓减政策执行的过程中，我国专利制度、专利制度的运行环境都发生了深刻变化，为了与专利制度和专利事业不断发展的需要相适应，使专利费用缓减政策在调节申请量、降低申请人成本支出、扶持中小企业创新等方面发挥引导和鼓励创新的政策导向作用，2016年7月我国专利收费减缴政策进行了相应的修订和完善，2016 年 9 月 1 日正式实施新的《专利收费减缴办法》，并于 2019 年 6 月对该办法进行了调整。

2016 年施行的《专利收费减缴办法》结合专利法实施细则修订的情况，在广泛征求专利行政部门、专利申请个人及企业的意见的基础上，对优惠范围、优惠对象、优惠力度以及优惠程序等内容进行了修订和完善。

从新的专利费用减免政策来看，一方面，增强了专利费用减免政策的可执行性，进一步细化范围、对象、标准和程序。同时，增强了专利费用减免政策的导向性。另一方面，该专利费用减免政策不仅强化了缴费确有困难这一原则，更进一步限制了专利申请人或专利权人的收入额，对确有需要的创新主体进行了细化，增强了鼓励和支持这些创新主体不断创新的政策导向作用。

1.4　我国现行专利费用政策的特点

基于以上对我国专利费用政策的分析，从专利费用政策的沿革、费用种类的设置、费用标准的确定以及减免政策等具体内容来看，现行的专利费用政策的主要特点表现在以下几个方面。

（1）我国的专利费用的确立是由国家知识产权局根据成本补偿原则、非营利性原则和国际惯例原则等综合考量后提出建议方案，经过国家发展改革委和财政部批准后实施。专利费用是专利制度中一项有效的政策工具，对专利申请数量、专利申请质量、专利审查资源配置、专利权维持质量的调控等起到重要的作用。由此，有必要在我国专利制度及专利费用政策改革中，除了补偿公共资源耗费的考量，还需要注重发挥专利费用政策的工具化作用，根据社会发展以及专利制度发展的需要完善专利费用政策。

（2）在我国，自专利费用政策实施以来，经历了多次修改和完善，每次修改和完善主要是对费用种类和费用标准根据法律修订的需要进行调整。专利费用政策的调整周期不能太短，太短的调整周期会降低专利申请人或专利权人利用政策的效率，需要不断熟悉新的专利费用政策，增加政策实施的成本，还容易造成专利申请人或专利权人错缴或漏缴专利费用的情况。但专利费用政策的调整周期过长，又可能会降低专利费用政策的功效发挥，因为专利费用政策是专利制度的重要环节，而专利制度是提升科技创新能力和促进经济发展的重要支撑性制度，科技创新环境及经济发展的不同阶段需要专利费用政策做出相应的调整。因此，有必要在环境变化时对专利费用政策及时进行调整，充分利用专利费用的政策工具作用来提高专利制度运行的绩效。

（3）我国专利费用标准采用的是专利申请阶段费用较低、专利维持阶段费用较高的结构模式。专利申请量增长受到复杂因素的影响，包括科技进步带来的专利申请量的自然增长，也有创新主体专利意识增强后的战略性专利规模效应的追求，专利申请阶段费用较低可能也是刺激专利申请量快速增长的原因之一。现有的经济学理论研究表明，专利费用与专利申请量的增长之间存在较强的相关性，当专利费用过低时，专利申请量增长速度会加快，甚至因太多的非正常专利申请耗费更多的审查资源，带来专利泡沫，增加社会总体福利的减损。而专利维持阶段费用过高，会增加专利权人的维持成本，现有的经济学理论研究表明，专利排他性权利期限与社会福利相关，当排他性权利期限过长，专利权带来的社会边际成本增加，必然会导致社会福利的减损。专利年费在某种程度上可以实现专利权人利益与社会福利的平衡，过高的专利年费可能会破坏这种平衡。由此可见，专利费用模式中存在结构效应，在专利费用政策的改革中，应结合我国现阶段专利事业发展的具体情况，有针对性地对专利费用进行调整，充分发挥专利费用政策的结构效应。

国外专利费用政策的发展趋势

专利费用既是政府维持专利制度运行的必要经费来源，又是政府调控专利制度运行的重要政策工具。在科技竞争全球化的现如今，各国普遍重视运用专利费用的政策工具作用来提高本国专利制度的运行绩效，在调节专利申请的结构与质量、优化专利审查资源的配置、调节专利维持的最优时间等方面发挥有效而重要的作用，有些国家甚至将其上升为一种战略性外贸政策工具加以运用。为了更加清楚地了解专利费用政策在各国的发展情况，本章将从历史的角度考察早期的英国专利费用政策及其变革，分析当前美国和日本在专利费用政策上不一样的态度，以及欧洲在专利费用政策方面的区域性协调动向和韩国的专利费用政策。

2.1　英国专利费用政策的起源与发展

2.1.1　英国专利费用政策的起源

英国是专利制度的起源地之一。在 1852 年英国专利局建立之前，英国的专利权由国王授予。此时期以技术引进策略为主的英国专利制度，对英国工业革命提供了较为理想的法律制度环境。尤其是 1624 年英国垄断法规的生效，使专利制度在保护发明创造之外，还有了技术信息传播的功能，从而奠定了现代专利制度发展的基础，明确了专利法的一些基本范畴。但随着欧洲工业化步伐的加快，原有专利制度的弊端也日益突出，其中专利费用过高就受到众多利益方的批评。

在 19 世纪中期，一个英国人如果要想获得一项英格兰的专利权，必须缴纳大约 100 英镑的专利申请费；而如果他想得到一个效力及于英格兰、威尔士和苏格兰的专利权，必须缴纳大约 300 英镑的专利申请费。实际上，当时英国从事发明创造活动的人主要是有实践经验的工匠艺人，科学家在当时对产业技术的提高作用并不显著。工匠艺人的平均工资每月只有几十英镑，当时 100 英镑到 300 英镑的专利申请费用已经大大超过了社会上从事发明创造的人的承受能力。这一时期，高昂的专利费用对专利制度的普遍应用起到了消极作用，直接影响了专利数量的增长。

专利申请中的高昂费用和烦琐程序引起诸多批评。其中，1828年《伦敦技术科学杂志》（*The London Journal of Arts and Sciences*）上发表的一系列署名为"辩护者"（Vindicator）的批判文章言词尤其激烈，这些文章在不厌其烦地列出获得一项专利权所需要经过的极其烦琐的程序及每一步骤的相应费用之后指出，这个"极其不合理、令人压抑、带有欺骗性"的专利体制的唯一获益人是在国家任职的某一小撮人。或许受到"辩护者"的启发，小说家狄更斯（Charles Dickens）于1850年在当时一份很畅销的杂志 *Household Words* 上发表了题为《一个可怜虫的专利故事》（*The Poor Man's Tale of a Patent*）的短篇小说，通过详细描写一位专利申请人赴伦敦申请专利的可怜历程，对当时的专利制度予以毫不留情的批判。

1852年，英国通过了专利法修正案，成立了专利局，专门负责专利申请受理事务。英国专利制度步入了现代化阶段。在这次专利法的修正案中，迫于产业界的呼声和各方的压力，英国政府相应地降低了专利申请费用，由原来的300英镑降低为25英镑，大大减轻了专利申请人的负担。1883年，英国专利法进一步调整，再次下调了专利申请费，逐渐使英国的专利制度成为一个专利申请人使用得起的制度。

从英国早期的专利费用政策来看，其经历了一段专利费用过高的时期，而这一时期的专利制度也因此使用者较少，批评者较多。随后，在专利制度各利益方博弈的过程中，出现了专利费用下调的趋势。可见，专利费用标准的确定应立足于本国客观的技术和经济发展水平，与专利申请人的经济承受能力不相匹配的过高的专利费用标准，必然面临变革的压力。

2.1.2　英国专利费用政策的现行机制与发展趋势

英国专利局成立于 1852 年，在 1990 年正式成为一个政府机构，隶属于英国贸易与工业部，对英国贸工大臣负责，并于 1991 年 10 月 1 日取得贸易基金地位（Trading Fund Status），从而实现该机构的自收自支。经英国政府批准，英国专利局于 2007 年 4 月 2 日正式更名为英国知识产权局。进入 20 世纪之后，为了借鉴他国的先进专利制度体系和迎合国际化趋势的发展要求，英国开始对专利法律制度进行各种修订，直到进入 21 世纪，前后一共进行了近十次与专利有关的法律制度的修改或制定。英国近年来的专利费用也有一定幅度的提升，但提升幅度不大。值得注意的是，1997 年，英国专利局宣布审查费由当时的 130 英镑削减至 70 英镑，削减额为 60 英镑，几乎接近原规定额的一半，这次费用的调整，主要是为了让广大的中小企业受益，促进专利创新的发展。另外，为了鼓励电子申请的发展，相对于纸件申请的费用金额，英国下调了电子申请费用金额。

1. 英国专利费用种类设置及标准

英国知识产权局对发明专利、外观设计专利提供保护，没有实用新型专利。发明专利申请采用"早期公开、延迟审查"的方式，从申请到授权需要 2~4.5 年，发明专利权的有效期自申请日起算为 20 年。外观设计专利申请，采用注册制，审查相对新颖性，外观设计专利权的有效期自申请日起算为 25 年。在申请阶段，英国的发明专利申请费为 30 英镑，采用电子申请则为 20 英镑，外观设计专利注册费为 60

英镑。

在英国，以纸件或者电子方式提交的发明专利申请文件，包括说明书、权利要求书、附图、说明书摘要、请求书等。如果申请人不是发明人，或者只是发明人之一，或者以公司名义作为申请人，要提交发明人声明，写明发明人信息，以及说明申请人有权利申请的理由，如通过雇佣关系或转让合同方式获得申请权利。发明人声明可以在自申请日（有优先权的，指优先权日）起16个月内补交。收到申请后，英国知识产权局会在3日内发出受理通知书，确认收到申请的日期并给出申请号。英国知识产权局还会审查有关国家与公共安全的问题，法定不授予专利权的主题多涉及国防安全。目前，对于电子申请，英国知识产权局会立即发出受理通知。提交新申请时可以同时提交检索请求，如果不同时提交，自最早的申请日/优先权日起12个月或申请日起2个月（以后到期的为准），申请人必须提交检索请求，以继续该申请。英国知识产权局在收到申请人提交的检索请求之后，将检索已公开的现有技术，以确定该申请是否具有新颖性，或者是否为显而易见的，并将检索到的文件副本发送给申请人。如果申请的某一处或某几处不符合形式要求，英国知识产权局也会向申请人发出通知。从收到申请人的检索请求到得到检索结果，需要3~4个月。如果专利申请符合英国专利法规定的形式要求，英国知识产权局将在自申请日（有优先权的，指优先权日）起的18个月内予以公布。申请人应在自公布日起6个月内提出实质审查请求。收到申请人的实质审查请求之后，英国知识产权局将对申请进行全面细致的审查，以确定该申请的主题是否为一项发明；该申请的权利要求是否具有新颖性和创造性；该申请的说明书是否清楚、完整，是否能够使所属技术领域的技术人员实施；权利要求是否清楚，是否以说明书为依据等。

在发明专利的审查阶段，英国知识产权局收取的费用主要包括检索费和实质审查费，有时候需要支付补充检索的费用。其中，如果是纸质申请，国际阶段已经做了检索的 PCT 申请，检索费为 130 英镑，未做检索的其他申请，检索费为 150 英镑；如果是电子申请，国际阶段已经做了检索的 PCT 申请，检索费为 100 英镑，未做检索的其他申请，检索费为 120 英镑；而补充检索的费用则为 130 英镑（电子申请）和 150 英镑（纸质申请）。根据提交申请的方式不同，实质审查请求费分别为 80 英镑（电子申请）和 100 英镑（纸质申请）。

发明专利申请经过审查，如果符合英国专利法的形式和实质要求，英国知识产权局将发出授权通知书，进入授权程序。授权以后，从申请日的第 5 年起，缴纳维持费。第 5 年维持费为 70 英镑，第 20 年维持费为 610 英镑。外观设计申请注册公布后，有效期自申请日起算为 25 年，从第 6 年开始缴纳续展费，有 4 个续展期，不同阶段的续展费分别为 130 英镑、210 英镑、310 英镑和 450 英镑。

2. 英国专利费用减免与发展趋势

除了电子申请的费用略低，英国专利费用相关规定中并没有设置费用减免措施。但是，英国专利法中有当然许可制度的规定，其中涉及维持费的减免措施。目前，很多国家的专利制度中有当然许可制度，其中，英国专利法对当然许可规定得最全面。为了保证当然许可制度的有效实施，英国专利法不仅规定了登记当然许可的程序与条件，还明确了对侵权行为的处理，主要内容包括当然许可登记日后，其应支付的专利维持费减半收取，同时也规定，专利权人可在任何时候申请取消当然许可，条件是已支付相关各年的全额维持费，如同未实施过当然许可一样，并且尚未就任何当然许可达成协议。如果已有当然许可的记录，取消当然许可需要得到所有当然许可被许可人的同意。

可见，英国现行的专利费用政策体系主要有以下几个特点和发展趋势。

（1）重视专利费用政策在专利实施阶段的功能发挥，英国实行当然许可的制度，对于当然许可的专利申请，维持费实行减半的措施，这样，大大推广了专利成果在生产创新中的应用，促进了科学技术的进步和社会经济的发展，在一定程度上提高了专利申请的质量，提升了社会的创新能力。

（2）重视专利费用政策在激励用户使用更便捷申请方式上的作用。英国专利费用政策中电子申请的申请费用略低于纸件申请，英国知识产权局也一直在积极鼓励和引导专利申请的电子化，从而更好地节约社会资源，提高申请效率。

（3）重视专利费用作为政策工具使用的灵活性，英国知识产权局是自收自支部门，其经费主要来源于自身创收，所以，英国知识产权局在提倡节约资源降低成本的同时，注重专利费用政策调整的创收和发展的平衡。英国的专利费用是由英国知识产权局自主定价的，从1991年至今，总体呈现略有提高的趋势，但是提高幅度很小。但在1997年，英国对审查费进行了大幅度的下调，主要是为了鼓励中小企业进行发明创造的申请。可见，英国知识产权局在追求专利费用政策的经济效益的同时，也注重平衡专利费用政策在促进社会经济发展方面的应有功效。

2.2　美国专利费用政策及其发展趋势

2.2.1　美国专利费用政策现状

美国最早的专利法制定于 1790 年，后来经过多次修改。美国专利商标局是 1980 年设立的设置于商务部内的一个政府机构，成立之初，作为国务院直属部门，美国专利商标局承担专利相关事务。目前，美国专利商标局在接受商务部政策指导的前提下，采用的是类似于企业化的管理方式，与英国知识产权局一样，完全通过专利费用的收取来支付运行成本。美国的专利法经过了多次修订，其中一次比较大的修订发生在 2011 年，对专利费用政策也做了大量的调整。2011 年 9 月 16 日颁布的美国发明法案（AIA），堪称是美国专利法在最近 60 年中最彻底的一次变化。其最重要的变化之一是美国专利制度从"先发明制"转变到"发明人先申请制"。同时，该法案中授予了美国专利商标局设置和保留费用以保证其有足够的资金运作的权利。其中"设置"主要是针对弥补成本的费用，可由专利商标局局长设定或者调整。这给予了美国专利商标局在一定程度上自主定价的权力。另外，该法案中设置了"微实体"资格，微实体对于大部分专利费用可享受 75% 的减免。从 2011 年 9 月 26 日起，美国专利商标局对于许多专利费用的标准都进行了调整，增加了约 15%。增加的费用包括专利申请费、检索费、实审费、恢复费和维持费等。自 2020 年 10 月 2 日起，美国专利商标局新规要求所缴纳的专利申请费用适用新的费用标准，每一部分费用都有小幅上调，虽然个别上调幅度不大，但调整的项目很多。2022 年，美国继续对小实体和微实体的减缴比例进行调整，即小实体减缴比例从 50% 增加到 60%，微实体减缴比例从 75% 增加到 80%。

美国现行的专利费用政策，对不同类型的专利，分阶段设置了不同的费用种类和标准。以发明专利为例，费用政策包括申请阶段、审查阶段和授权与维持阶段。在申请阶段，主要是申请费和申请附加费，发明专利的申请费为 320 美元/件，独立权利要求超过 3 项的申请附加费为 480 美元/项，权利要求超过 20 项的申请附加费为 100 美元/项，说明书超过 100 页的申请附加费为 400 美元/50 页。由此可见，美国的专利申请附加费设置中，根据申请的难易程度而缴纳不同的费用，这种做法有助于促进申请人提高申请质量，并减小审查员的审查难度。专利申请到了审查阶段，需要缴纳检索费和审查费。其中，在美国除临时申请以外的所有专利申请都必须进行检索并缴纳检索费，发明专利的检索费为 700 美元/件。经过检索以后，专利申请人还需要缴纳审查费，新的发明专利的审查费标准为 800 美元/件。但按照美国专利法的规定，申请人在收到最终审查意见或建议性审查意见通知书后，可以提出继续审查请求。继续审查请求并不限于之前发出的审查意见，申请人可以对权利要求进行进一步的修改，并且可以提交新的答辩意见。这一程序要求审查员对该专利进行进一步的审查。继续审查请求可多次提出。第一次提出继续审查请求的费用为 1360 美元/件，第二次及以后每次的费用为

2000 美元/件。对于 2020 年 10 月 2 日之后提交的发明专利申请，可以申请优先审查，现执行的费用标准为 4200 美元/件。除申请类型限制外，还应满足权利要求的数量限制，即不能超过 4 项独立权利要求或者超过 30 项总权利要求。另外，对于优先审查有总量限制，即每个财年接受的优先审查不能超过 10000 件。在专利授权与维持阶段，需要缴纳授权费及相应年份的维持费，新的发明专利的授权费标准为 1200 美元/件，而维持费根据维持的年限不同，标准不同，其中前 3.5 年的维持费为 2000 美元/年，而从发明专利维持的第 11.5 年起，维持费标准增加到 7700 美元/年。

同样地，美国专利费用政策也包含了减免内容，减免对象包括小实体和微实体两类。享受减免的范围基本涵盖了专利申请、检索、审查、发放证书、上诉及维持各个阶段的所有费用。为了进一步鼓励创新，美国发明法案引入了"微实体"的概念，一个申请人符合微实体资格，那么他的大部分专利费用可以享受 75% 的减缴比例。据估计，约有 30% 的小实体满足微实体资格。此外，申请途径为电子申请的申请人可享受部分费用优惠政策。根据美国发明法案的相关规定，除申请外观设计、植物专利或者进行临时申请外，凡未按照专利商标局规定的电子方式申请新专利的申请者，均须缴纳 400 美元的附加费用。电子申请可免交此费用。另外，小实体通过电子途径提交发明专利申请费的，享受 75% 的减缴优惠。根据美国相关法律的规定，专利费用减免对象中的小实体包括根据小企业法所定义的任何小企业，以及适用于美国专利商标局局长颁布的规章所定义的任何独立发明人或者非营利性组织。具体来说主要有三类：自然人（个人发明人）、小型经营企业和非营利性组织。自然人（个人发明人）是指，没有将其发明所有的任何权利进行转让、授予、让渡或许可，并且也没有法定或合同义务进行上述行为的发明人或其他自然人（例如发明人将其在发明中的某些权利转让给了该自然人）。如果发明人或其他个人已经将其发明所有的部分权利转让给一方或多方，或有法定或合同义务进行转让，如果受让方均符合小实体的定义，那么该发明人或其他自然人也满足要求。小型经营企业应满足以下两个条件：第一，该小型经营企业没有将其发明所有的任何权利转让、授予、让渡或许可给不符合小实体定义的自然人、企业或组织，并且也没有法定或合同义务进行上述行为；第二，该小型经营企业的雇员，包括其关联企业的雇员，不超过 500 人。可享受专利费用减免的非营利性组织，应没有将其发明所有的任何权利转让、授予、让渡或许可给不符合小实体定义的自然人、企业或组织，并且没有法定或合同义务进行上述行为。

2.2.2　美国专利费用政策发展趋势

实际上，美国早期的专利费用标准并不高，这种不是很高的专利费用标准在一定程度上对美国专利申请量的增长做出了贡献。尤其是在 20 世纪 90 年代，低专利费用政策刺激下的美国专利申请量得到了爆炸性的增长。数据显示，20 世纪 90 年代美国专利申请总量较 20 世纪 80 年代的总量增长了 66.83%。专利申请量的增多随之带来了专利诉讼的剧增，美国复杂而高昂的诉讼成本使很多企业不堪重负。美国国会意识到专利申请量和专利诉讼的增多可能会破坏专利制度的功效，进而威胁到美国技术和经济的发展，因此开始对美国专利制度进行新的改革。其中，最为重要的改革是将美国专利商标局从财政拨款、只收取象征性专利申请费用的机构改革为自负盈亏的机构，即由其收取的专利费用提供运营资金。到了 2000 年 11 月，美国专利商标局被确立为商务部下属的绩效单位，以更加商业化的方式运作，在人事、采办、预算以及其他行政职能上享有实质性的自治管理权。美国继 2002 年、2004 年和 2007 年大幅度提高专利费用标准后，2013 年又再次大幅度提高了包括申请和维持费用的标准。美国专利商标局于 2017 年和 2020 年提高了专利申请和审查费用，尤其是提高了大型实体的专利申请、检索和审查费用。

值得注意的是，美国专利商标局在增加某些专利费用标准的同时，为了减少专利费用的提高对美国中小企业创新的负面作用，美国政府同时对本国中小企业的专利申请提供减免政策。

从美国专利费用种类设置及费用标准的角度来看，美国设置了较为复杂的费用种类。美国专利商标局为当事人提供的任何一项服务都需要缴纳费用，符合专利费用补偿公共资源利用的原则。同时，美国专利费用标准的变化较为频繁，这主要是因为美国专利商标局具有专利费用标准的自主定价权，可以依据专利制度运行环境、物价水平等因素，以及美国专利商标局运行成本的变化而及时进行调整。也正因为如此，美国专利费用标准的确立也主要是采取成本核算的方法，即某项专利费用的标准取决于美国专利商标局为完成这项事务需要支出的成本。从目前来看，在美国专利费用的改革趋势中，提高了专利申请和审查阶段的费用标准。美国专利商标局采用当前的模式，可能也是基于提高专利申请门槛、减少非正常专利申请、提高专利申请质量，从而减少审查负荷的考量。

从总体上来看，美国专利费用政策以补偿成本为导向，但同时兼顾了专利费用政策的激励功能和杠杆功能。美国专利费用的种类虽然相对较为繁杂，但专利费用支出的多少主要取决于案件的复杂程度和享受服务的多寡。单从资费表中不难看出，美国专利商标局提供的服务较为丰富，同时每种服务都要收取相应的费用以弥补成本，也体现了美国在专利费用政策中严格遵循的成本补偿原则。同样地，在费用标准设定方面，美国专利商标局利用作业成本法为每项费用行为计算成本，并将其作为费用标准确定的重要因素之一。但同时，为了发挥专利费用政策的激励和杠杆功能，美国的专利费用标准根据政策需要进行频繁而灵活的调整。美国专利商标局每两年要对费用进行审查，评估费用是否反映当前成本或市场价值，费用调整与国内消费指数紧密关联。美国专利商标局可以根据上一财年商务部发布的国内消费指数来调整费用标准，上下浮动不能超过10%，这也体现了成本补偿原则在实际操作中的应用。

近年来，美国专利费用政策调整的趋势主要是提高申请门槛，通过专利申请阶段费用的提高来提高专利申请质量。美国专利商标局对申请费调整较为频繁，且变化幅度相对较大。检索费变化较为平稳，基本上是根据居民消费价格指数（CPI）的变化而进行的调整。审查费在2012年以前进行的都是微调，但是到了2014年以后则进行了大幅度的提升，升幅达188%，提升近两倍。由于美国专利的申请费、检索费、实审费均是在申请时缴纳的，因此综合这几项来看，专利申请阶段的费用大体呈现上升的趋势。此升势在2014年尤为明显，由1260美元提升至1600美元。这主要是基于两个方面的诉求：一方面，借助审查费的大幅增加限制低质量申请的进入，从而达到扬优抑劣的目的；另一方面，消除审查积压、缩短审查周期和提升审查质量这些目标直接导致了审查成本的增加，进而影响到费用标准的提升。在提高专利申请阶段费用的同时，降低授权及维持阶段的费用，如授权费用，在经过平稳提升后，在 2014 年降至历史最低。发明专利授权费用从 1770 美元降到 960 美元，降幅达 45.8%。可见，美国专利费用水平在维持总体收入平稳的同时，根据自身收入和政策需要调整了费用结构。

美国近年来的专利费用政策提高了某些专利费用种类的标准，但同时又考虑两个方面的问题，即结构优化和本国专利申请人利益。美国这种专利费用政策改革的趋势至少产生了三个方面的影响。其一，对从事研发活动的企业来说，专利费用标准，尤其是专利申请费用标准的提高，意味着专利申请成本的上升，这使得企业在进行专利申请决策时，会淘汰一些被认为不太有重大经济价值的技术。因此，这种专利费用上的高标准，能在一定程度上提高美国专利申请的质量。其二，专利费用是美国专利商标局的重要收入来源之一。专利费用标准提高后，增加了美国专利商标局的收入。随着专利费用收入的增多，美国专利商标局就会有更多的财力去改进其专利审查和服务质量，进而推动授权专利的质量。其三，高标准的专利费用政策也成为美国国际贸易政策的一个环节，利用较高的专利费用标准，提高外国人来美国申请专利的成本，使得很多外国人因为支付不起高额的专利费用而放弃对其发明创造在美国寻求专利保护，从而使得专利费用事实上成为国际技术贸易中的一种新型非关税壁垒政策。

2.3　日本专利费用政策及其发展趋势

2.3.1　日本专利费用政策现状

日本于 1885 年颁布并实施了专卖专利条例，并于 1899 年更名为专利法，其成为日本第一部具有法律意义并加以具体实施的专利法，使得专利制度在日本迅速发展。1959 年，日本在参考了大量外国专利法的基础上，全面修改了日本专利法，真正开启了日本现代专利制度时代。此后，日本在参考大量国外立法和国内实施效果的基础上，频繁对专利法进行修改和调整，以使得日本专利制度能够适应日本社会和经济的发展，并在 21 世纪初确立了通过战略保护和有效利用国内高科技等知识财产，增强国内产业国际竞争力的政策目标，提出了"知识产权立国"的基本国策。日本的专利费用政策自 1959 年在日本现代专利制度时代开启之后就与之相伴而行，发挥着重要作用，并在此后进行了多次调整和完善。在"谁享受行政服务并获益，谁支付费用"的原则下，对专利业务支付必要经费以使得收支平衡，同时考虑申请奖励等来综合设定费用标准。

从日本专利费用的种类设置方面的调整来看，首先是手续费，日本专利制度中的手续费是除专利费、实用新型专利和外观设计专利的登记费以外的所有费种的统称，一般包括申请费、专利审查请求费、不服审判请求费以及著录事项变更费、文件副本出具费等其他手续费。现代日本专利体系中的手续费是在 1984 年随着设立专利特别审计制度一起确立的，近些年的主要调整体现在申请费和审查费的费额调整。申请费在费用发展前期呈现上升的趋势。2004 年为消除专利获权率高的申请人与专利获权率低的申请人之间费用负担不均衡的现象，提高专利申请质量，日本特许厅在上调审查费的同时降低了申请费和专利费。2008 年在充分考虑申请人知识产权战略布局中费用所占比例有所增加的背景下，日本特许厅调研当时日本费用收入构成情况，预判伴随着实审请求的增加专利费用将逐年递增，同时随着引入新的电子化系统可以逐步降低行政成本这些因素，认为降低申请费已然成为可能，因此在 2008 年随着新修改的日本专利法的实施调低了申请费标准。自 2004 年上调审查费后，2011 年 8 月，日本特许厅大幅下调专利审查请求费，将其作为促进专利审查高效化的成果之一并将利益返还于申请人。日本特许厅认为大幅降低审查费对于专利制度的利用者来说可以促进诸如新的研究开发和技术革新，并为知识产权的有效利用进而增强日本的产业竞争力提供支持。与之前相比，整体审查费标准平均下调约 25%。以发明专利为例，如果申请人提交的权利要求项数为 7 项，则修改前后审查费从约 20 万日元下调至约 15 万日元。根据财务状况，2021 年 9 月 14 日，日本国务会议通过了规定专利法等部分修改法律实施日期的政令，于 2022 年 4 月 1 日起，上调商标注册和续展等的费用。

其次是专利维持费，从费用标准来看，专利维持费是日本专利费用体系中调整最为频繁的费种。以发明专利为例，自 1959 年日本确立现代专利制度以来，对费用标准进行过十余次调整。从调整趋势看，自 1959 年设立至 1999 年标准调整前，前几次标准调整或由于日本物价水平的上升，或由于随着其他手续费调整，均呈现费用上调趋势。而后几次调整中，1999 年为推动发明创造的技术开发，降低了单项权利要求所收取的专利维持费。2004 年为消除专利获权率高的申请人与专利获权率低的申请人之间费用负担不均衡的现象，日本特许厅大幅下调维持阶段初期的专利费，调整后第 1 年至第 3 年的专利维持费下调幅度达到 80%，第 4 年至第 6 年的下调幅度达到 60%，第 7 年至第 9 年的下调幅度达到 40%，而对第 10 年之后的专利维持费未做调整。2008 年日本特许厅考虑到与外国专利维持费相比日本专利维持费标准较高，且中小企业普遍反映保护期限后期的专利维持费过高造成负担过重等因素，在费用标准调整时重点下调了第 10 年以后的专利费，下调幅度约为 12%。2015 年 2 月的费用调整方案中，日本特许厅进一步下调专利维持费标准，下调幅度约为 10%。2021 年 9 月，日本特许厅重新上调专利维持费标准，发明专利维持费的涨幅较大，其中第 1 年至第 3 年的发明专利维持费上涨 104%。从专利维持费设置梯度来看，1998 年以前日本在专利维持费设置梯度上对于第 10 年至第 25 年的专利维持费梯度按照每二、三、二、三、五年进行设置，即专利维持费数额随着维持年度的递增而递增。但 1998 年日本修改专利法时，考虑到高额的专利权后期维持费对于长期维持的专利权人的负担过大，并且日本专利审查处理效率提升及专利权期限届满时维持专利权的年限增长等因素，日本特许厅对第 10 年至第 25 年的专利维持费采用相同费用标准。

同时，为了增强政策的实施效果和提高专利制度对中小创新者的可及性，日本也实施相应的专利费用减免政策。1999 年日本专利法修改时，正式写入了费用减、缓、免的相关规定，并在其后对费用减免的情形、主体资格和减免标准进行了不断细化完善。近些年来针对费用减免政策的主要修改包括 2006 年、2011 年和 2014 年三次修改，修改的主要目的均是不断扩大可以使用费用减免政策的主体范围和增强减免力度。其中，2006 年的修改主要扩大了学术研究减免的主体范围，将原先由教授和助教等大学职员享有的费用减免优惠扩大至拥有博士学位的年轻研究员（博士后）和学生，以促进大学的知识财产创造。2011 年的修改主要针对相应条款加大了减免力度，例如针对专利维持费规定，将减免专利维持费年度由第 1 年至第 3 年延长为第 1 年至第 10 年。2014 年 4 月，为促进中小企业、风险企业和个人的专利申请，按照 2013 年制定的加强产业竞争力法案中 "减免专利费用"条款规定，大幅降低上述主体费用，其中审查费由原来的 38 万日元减至约 13 万日元。

　　日本现行的发明专利费用政策大体由五部分组成：申请费、实审请求费、复审申诉阶段费用、专利维持费、其他相关手续费用。其中，在申请阶段费用设置得相对简单，申请人仅需要在提出专利申请的同时依照所提交的申请的不同情形（如保护类型、申请语言、申请路径）缴纳不同额度的申请费即可，普通日本发明专利的申请费标准为 15000 日元/件，而以外语方式提交的发明专利申请的申请费则为 24000 日元/件。申请人提出实质审查请求时，应当随实审请求书一并缴纳实审请求费。日本的实审请求费并非按单一费额进行收取，而是在基本审查费的基础上按照权利要求项数的不同加收不同数额的加价费。因此，在实审阶段，无论是在主动修改期内，还是在答复实审员发出的驳回理由通知书时，如果申请人修改后的权利要求书中所增加的权利要求数超过之前的权利要求数，每项新增的权利要求需要补缴单项权利要求的审查费。另外，实审请求费的提交也依照所提交申请的不同情形（如申请路径、有无检索结果）制定不同的费用标准，普通发明专利申请的实审请求费为

118000 日元/件；按权利要求的项数，每项权利要求附加 4000 日元的附加费。到了授权阶段，申请人在办理专利权登记时，应当在授权决定通知书或者表明授予专利权的审判决定通知书的发文日起 30 日内办理专利权的登记手续，并一次性缴纳第 1 年至第 3 年各年的专利维持费。在专利授权后，专利权人为维持每年专利权的有效性，应当从专利权的登记日起至专利权存续期限届满为止，缴纳每年的专利维持费。其中，第 1 年到第 3 年的专利维持费，应当在办理专利登记手续时一并缴纳；第 4 年以后的每年的专利维持费必须在上一年期限届满前缴纳。发明专利维持费的标准也采用惯常的逐年递增模式，其中前 3 年为每年 4300 日元/件，第 3 年到第 6 年为每年 10300 日元/件，第 7 年到第 9 年为每年 24800 日元/件，第 10 年到第 25 年为每年 59400 日元/件。

2.3.2　日本专利费用政策发展趋势

长期以来，日本为了鼓励专利申请，采取较低的专利费用标准。近年来，为了配合日本知识产权战略的实施，日本的专利费用政策也出现了新的变化。

（1）日本专利费用政策的调整主要集中在费用标准上，费用种类自 1984 年以来基本未有变化，而专利费用标准调整频繁。例如专利维持阶段的费用，1959 年确立专利维持费以来，经历了十余次调整，最近的一次调整是在 2021 年 9 月，发明专利的专利维持费大幅上调。为了实现专利费用政策的快速调整，日本特许厅于 1984 年从普通财务预算中分离出来，实行自收自支的财务制度。

（2）日本专利费用政策虽然调整周期短，尤其是专利费用标准的调整频繁，但每次专利费用政策调整的背后，都有其利用专利费用政策促进本国产业和经济发展的考量。例如在专利费用种类的调整上，增设电子化转换手续费，实际上是为了鼓励申请人利用无纸化方式申请专利，客观上使得日本专利申请电子化的利用率和利用水平都得到了很大程度的提高。在日本，每次专利费用标准的调整不仅是基于物价水平及日本特许厅收入的考虑，同时也会根据本国产业和经济发展，以及国际竞争的需求，利用专利费用政策的调节效应做出调整。例如在 2008 年，针对国内申请数量减少而国际申请数量增多的情况，为了鼓励日本创新者在海外申请专利，日本特许厅下调了国际阶段的费用，但在 2015 年上调了用外语提交的国际申请国际阶段的费用。同时，日本特许厅做出费用标准调整时，往往还会对国内申请人进行调研。例如，2008 年日本之所以调低第 10 年度以后的专利维持费，正是因为在调研中日本中小企业普遍反映专利保护期后期的专利维持费过高。

（3）专利费减免政策作为日本专利制度的补充，在实际运用中根据本国经济、产业和科技发展，以及本国创新主体的需求经常进行调整，具有较强的灵活性。除了专利费减免政策，日本专利费用的优惠政策也体现在产业发展政策中，例如在日本的产业竞争力强化法案中就规定了相关中小企业可以在费用减免政策中适用维持费（第 1~10 年）和实审费的半额减免优惠。

2.4　欧洲专利局专利费用政策及其发展趋势

2.4.1　欧洲专利局专利费用政策现状

欧洲是经济政治一体化程度较高的地区之一。随着 19 世纪以来区域性和全球性经济一体化程度的加快，欧洲各国之间贸易往来频繁，专利制度的地域性特征及各国专利制度的差异化越来越成为欧洲区域内技术和经济贸易自由化的障碍。经过多年的努力和协调，各成员国在 1973 年欧洲经济共同体召开的政府间外交会议上签订了于 1977 年生效的《欧洲专利公约》（EPC）。根据该公约的规定，其旨在建立缔约国共同的授予发明专利的法律制度，根据该公约授予的专利称为欧洲专利。当然，欧洲专利并没有取代成员国国家专利，而是两者并存，申请人可以选择使用。欧洲专利局（EPO）就是根据《欧洲专利公约》于 1977 年 10 月 7 日正式成立的一个政府间组织，其主要职能是负责欧洲地区的专利审批工作。欧洲专利局的总部设在德国慕尼黑，全面负责欧洲专利的检索、审查、授权等业务；并在柏林、海牙和维也纳设有分支机构。根据《欧洲专利公约》，欧洲专利局受行政委员会的监督承担专利审查和授予的任务，行政委员会的主要职能是批准欧洲专利局局长提出的预算及其执行草案，修改与费用相关的规则。欧洲专利局仅负责审查和授权，对于欧洲专利的维持、行使、保护、无效，均由各指定的成员国依照国家法进行。欧洲专利授权前费用是由欧洲专利局收取，而授权后费用是由《欧洲专利公约》成员国的国家专利局收取，成员国的国家专利局收取的授权后费用将有一半被重新分配给欧洲专利局。

欧洲专利实质上是一束成员国国家专利，在经过欧洲专利局程序授权后仍然受指定生效的各成员国国内法的约束。驱动欧洲专利制度建立的动力之一就是要减少一个专利申请人在多个《欧洲专利公约》成员国获得专利保护需要缴纳的专利费用。欧洲专利制度的建立在欧洲各国专利费用政策的区域性协调上具有里程碑的意义。未建立欧洲专利制度之前，一个专利申请人就同一项发明要想在欧洲获得多国授权，必须逐一向每个国家递交申请并分别支付相关的专利费用。高昂的专利费用往往让一些专利申请人望而却步。《欧洲专利公约》生效后，这一状况有所缓解。根据该公约，专利申请人如果希望自己的发明在该公约的几个成员国国内获得专利保护并选择欧洲专利申请途径，只需要向欧洲专利局支付一次相关的专利费用后，就可以在其所指定的生效国获得与其国家专利同等效力的专利，从而大大减少了专利申请人获得多国专利保护需要缴纳的专利费用。

但欧洲专利制度在专利费用的区域性协调方面依然不能令各利益方满意。因为一项欧洲专利要想在指定国生效，必须在向该指定国专利局登记时将所有的专利申请文件翻译成指定国的官方语言以便公开，这无疑需要一大笔翻译费用。同时，要想维持该专利在每个指定国的有效性，需要欧洲专利权人向各个生效国缴纳相关的维持费用，这无疑也是一笔不小的费用。在各利益方的推动下，为了进一步减少专利制度使用者的专利费用支出，欧洲专利局对专利制度做了进一步协调，在欧洲专利制度的基础上，建立了一种与国家专利和欧洲专利并存的、在整个欧洲范围内生效的共同体专利。

从专利费用的角度来看，共同体专利制度的协调成果主要体现在为申请人节约了翻译费用和维持费用。根据欧洲共同体专利制度，申请一项共同体专利，申请人只需要将申请文件翻译成三种欧盟工作语言（德语、法语、英语）之一，再在授权生效后一定期限内将权利要求书翻译成其他指定国家的官方语言，并不需要将所有专利申请文件翻译成其他指定国家的官方语言，这样大大减少了申请人的翻译费用。同时，共同体专利的专利权人为了维持其专利在欧盟范围内的有效性，只需向欧洲专利局缴纳一次费用，从而避免了向每个国家分别缴纳高额的维持费，大大减少了专利权人的维持成本。可见，欧洲区域性专利制度的协调历程，伴随着欧洲区域性专利费用政策的协调。专利费用政策的此种区域性协调，其目的就在于减少专利制度的使用者在欧洲各国获得和维持专利保护的费用支出。通过减少此种专利费用的支出，提高专利制度的使用效率，从而更好地发挥专利制度促进区域内的技术创新和经济发展。

欧洲专利局的与专利费用相关的规则来自关于费用的细则，关于费用的细则于 1977 年 10 月 20 日生效。由于 2000 年修订的《欧洲专利公约》于 2007 年 12 月 13 日正式生效，新的《欧洲专利公约》带来了程序上的巨大变革，程序的变化也给专利费用结构带来了巨大变化，因此在 2006 年 12 月 7 日关于费用的细则也经历了一次大的修订，本次修订的生效日即为《欧洲专利公约 2000 年修订案》的生效日 2007 年 12 月 13 日。本次修订之后，关于费用的细则在 2008 年 4 月 1 日、2009 年 4 月 1 日、2010 年 4 月 1 日、2012 年 4 月 1 日、2014 年 4 月 1 日又分别进行了调整。

2007 年 12 月 13 日适用新的《欧洲专利公约》的费用细则与现行费用体系相比存在较大区别，最明显的差异是权利要求超项费、指定费和维持费滞纳金。权利要求超项费的征收起点是 11 项，权利要求超过 10 项的，无论超出多少项，权利要求超项费均是每项 45 欧元。指定费是单独收取的，每指定一个成员国收取指定费 80 欧元（上限是 7 个成员国）。维持费滞纳金仅为当年维持费的 10%。

2008 年 4 月 1 日适用的费用标准中，主要的变化在权利要求超项费和维持费滞纳金。权利要求超项费的费用起点由 11 项变为 16 项，费用标准由每项 45 欧元提高为每项 200 欧元。维持费滞纳金的费用标准从当年维持费的 10% 提升至 50%。值得一提的是，2008 年 5 月 1 日，《伦敦协议》正式生效。《伦敦协议》虽然不涉及欧洲专利局的费用体系，但是该协议旨在简化生效程序的翻译要求，所有的协议缔约国均承诺将大量或整体地免除对专利文件翻译的要求，翻译要求的降低使专利申请文本翻译费用大为降低，从而为欧洲地区的专利申请人节省大量资金，进而使得向欧洲专利局申请专利更具有吸引力。

2009 年 4 月 1 日适用的费用标准中，主要的变化在权利要求超项费和指定费。权利要求超项费在 2009 年 4 月 1 日开始设置分阶段费用，对于权利要求超出 15 项的，第 16 项到第 50 项的权利要求超项费是每项 200 欧元，对于超过 50 项的权利要求，每项的权利要求超项费是 500 欧元。2009 年 4 月 1 日之前的申请，申请人需要向每个成员国分别缴纳指定费，而 2009 年 4 月 1 日及之后的申请，不管指定国的数量是多少，申请人统一缴纳一笔单独指定费即可，单独指定费的标准是 500 欧元。

2010 年 4 月 1 日起执行的费用标准与 2009 年的相比，并没有实质性的变化，但是各项费用标准进一步提高，这与欧洲专利局的审查成本提升有直接关系。在 2010 年，纸件申请的申请费由 180 欧元提高至 190 欧元，电子申请的申请费由 100 欧元提高至 105 欧元；审查费、授权费、维持费等费用都有一定程度的提高。

2012 年 4 月 1 日起执行的费用标准与 2010 年 4 月 1 日起执行的费用标准相比，并没有实质性的变化，但是各项费用标准进一步提高。例如，纸件和电子方式的申请费均上调 10 欧元；授权费、维持费等费用都有一定程度的提高。

欧洲专利局自 2014 年 4 月起实施的费用政策与之前的费用政策相比，主要涉及如下三个方面的调整：①不同阶段的费用标准均有所提高，包括申请费、检索费、审查费、授权费、维持费等各项费用。②为了增加政策的灵活性，对部分费用的优惠标准进行了提升。包括费用减免的比例再次提升，将由于成员国语言差异而享有的费用减免由以前的 20% 提升至 30%，某些费用减免的额度也进行了提升，国际阶段由奥地利、西班牙、瑞典、芬兰或者北欧的专利局做出国际检索报告或者补充国际检索报告的，欧洲专利局补充检索的检索费减免额度由 990 欧元提升至 1100 欧元。③不同程序变化后对费用政策进行及时调整。为了减少分案申请的总量，尤其是二代及后续分案的数量，从而为第三方提供法律确定性，欧洲专利局修订了分案申请的提交时机，且该修订自 2014 年 4 月 1 日起开始生效。因此，在 2014 年 4 月 1 日起实施的费用政策中，增加了二代分案及后续分案的费用，二代、三代、四代分案分别需要缴纳 210 欧元、420 欧元、630 欧元的分案费，五代及后续分案需要缴纳 840 欧元分案费。

实际上，从欧洲专利局近年来的费用政策演变可以看出，欧洲专利费用制度一直在频繁微调，欧洲专利局各项费用均在稳步提升，但是仅限于微调，这与欧洲专利局审查成本的提高有着不可分割的关系。此外，欧洲专利局经济和科学咨询委员会的一份报告曾明确提出欧洲专利局考虑在不会进一步复杂化费用制度的前提下，修改某些特殊程序费用的时限以规范申请人的行为。

现行的欧洲专利费用政策也是采用了分阶段设置不同的费用种类和标准。申请阶段的费用主要包括申请费、权利要求超项费和说明书超页费，其中，根据不同的申请方式，申请费分别为 210 欧元（纸件申请）和 120 欧元（电子申请）；权利要求超项费的标准是第 16 项到第 50 项权利要求为每项 235 欧元，超过 50 项则为每项 580 欧元；说明书超页费的标准是申请文件超过 35 页时，从第 36 页起为每页 15 欧元。在检索和审查阶段，费用种类主要包括检索费和实质审查请求费，其中，检索费的标准为每件 1285 欧元，实质审查请求费的标准为每件 1805 欧元。在授权阶段，费用种类主要包括授权费、权利要求超项费、说明书超页费和专利维持费，其中，授权费的标准为每件 915 欧元，权利要求超项费和说明书超页费与申请阶段一致，维持费同样采取逐年递增的方式，第 3 年的维持费为 465 欧元，而第 10 年及以后每续一年为 1560 欧元。

2.4.2　欧洲专利局专利费用政策发展趋势

从总体上来看，近年来欧洲专利局专利费用政策的特点表现为以下几点。

（1）由于欧洲专利建立在成员国签订的国际公约基础上，欧洲专利局是在成员国让渡专利审查权基础上成立的，不代表某一成员国的利益。正是因为欧洲专利局的这种特性，在进行政策决策时，不受单一成员国国家意志的左右，专注于所有成员国整体利益及专利工作本身，弱化了专利费用政策的国家意志性，演变成一种区域性的政策工具。在具体的政策决策方面，实际上更注重的是欧洲专利局本身的运作，欧洲专利体系对欧洲整体的经济、产业和科技产生的影响。

（2）从目前全球主要专利局专利费用标准来看，欧洲专利局的费用标准是最高的。近年来，欧洲专利局还在不断调高费用标准，并且调高费用标准的趋势明显，最近的一次调高专利费用标准是在 2023 年 4 月。

（3）除了费用标准高，欧洲专利局专利费用种类的设置细化程度也比较高。如欧洲专利在申请阶段需要缴纳检索费，检索费的缴纳是欧洲专利申请的必经程序，经过检索后，欧洲专利局为申请人提供检索报告，申请人依据检索报告决定是否提出实审请求。这种模式方便了申请人，申请人可以提前判断专利申请是否具有授权的可能性，再决定是否提出实审请求，节约了申请人承担的费用。另外，在这种模式下，也减少了不当的实审请求量，减少了欧洲专利局为不具有授权前景的专利申请额外付出的审查成本，节约了审查资源。

2.5　韩国专利费用政策及其发展趋势

2.5.1　韩国专利费用政策现状

韩国在 1946 年制定了第一部真正意义上的特许法（韩国的"特许"即"专利"），同时设立特许院。韩国近代意义的、较为完整的知识产权法律体系建立于 20 世纪 50~60 年代。1961 年至 1963 年，韩国大幅修订特许法，将其分离成产业财产权三种法律，分别为特许法、实用新型法和意匠法，对应保护发明、实用新型、外观设计三种专利类型。韩国特许院在 1977 年更名为特许厅，后又于 2000 年更名为知识产权局，业务范围进一步扩大。目前，韩国知识产权局是韩国贸易、工业及能源部的一个下设机构，负责发明专利、实用新型专利、外观设计专利等工业产权项目的保护。

韩国的专利费用政策作为专利制度的组成部分，伴随着韩国专利制度的建立和运行而发展，并发挥着重要的作用。自专利费用体系建立以来，不断调整和修改，特别是近年来的调整更为频繁，并对相关法律进行了适应性修改。其中，2006 年 5 月 1 日，为了进一步提升管理水平和更有效地保护知识产权，韩国知识产权局已经正式改制成为韩国中央国家机关中第一个公营的自负盈亏的企业性机构。韩国知识产权局修改了以前的专利费用收取办法，并简化了相关程序，从而减轻了申请人负担，加强了对其利益的保护，提高了办事效率。此次调整费用、简化程序所涉及的主要内容有：统一了发明专利和实用新型专利电子申请与纸件申请的申请费；部分降低了专利维持费；维持费附加费由对超出 3 项权利要求的每项权利要求收取费用调整为对每项权利要求收取费用；统一了附加费费用标准起征点，取消了优先审查程序下根据权利要求数量收取的附加费；取消了电子申请附加费；取消了优先申请专利时用到的文档翻译费，整体调低了专利费用标准。2008 年 12 月 30 日公布知识经济部令 46 号，为了促进知识产权在金融危机时代下的发展，韩国知识产权局再次调整了专利费用标准。这次的调整主要是降低了审查费和维持费；取消了发明专利的 10 年以上维持费基本费，并将其相对应的每项权利要求附加费金额固定；发明专利同时调高了审查基本费与每项权利要求的附加审查费，实用新型专利调高了每项权利要求的附加审查费。2010 年 7 月 28 日公布知识经济部令 139 号，韩国知识产权局对其专利费用进行调整，主要内容是：降低实用新型专利 PCT 申请审查请求费；降低地方政府提交实用新型专利以及外观设计专利的申请费、审查请求费以及最初三年的维持费；上调纸件专利申请费、修改费以及发明专利保护期续展请求费等，部分费用上调幅度明显。2012 年 5 月 29 日公布知识经济部令 253 号，韩国知识产权局为降低费用负担及稳定行政服务价格，降低了 33 种通过电子文件提交的包括申请优先权费用的网上专利申请的注册费，降低幅度在 10% 以上。近年来，韩国知识产权局不断调整和完善专利费用体系，主要目标是大力推进电子化业务，对中小企业等特殊申请者提供优惠政策和服务，降低费用标准，在为申请者提供优质、便利的专利服务方面不断改进，同时不断拓展增值业务。

根据韩国专利法律中对专利费用的规定，韩国发明专利费用种类大体可以分为四部分：启动专利程序阶段费用、专利权的登记及存续阶段费用、复审申诉阶段费用、其他费用。启动专利程序阶段费用主要包括：申请费、分案申请的申请费、转换申请费、优先权费、优先权附加费、延长登记申请费、审查请求费、优先审查申请费、增加权利要求费、补正费、申请人变更申告费、法定期限延长申请费、指定期限延长申请费、期限超过救济申请费等。专利权的登记及存续阶段费用主要包括：登记费，专利权的转移登记费，专利权的实施权设定或其备案登记费，登记事项的更正、变更、取消、终止或恢复登记费等。复审申诉阶段费用主要包括：复审请求费、无效请求费、再审查请求费、更正请求费、补正费、审判或再审请求的参加申请费、审查员的回避申请费、费用金额确定请求费、执行文正本请求费、法庭期限延长费、指定期限延长申请费、过期救济申请费等。其他费用主要是各种证书的交付申请或其副本的交付申请等手续费和以邮递方式申请交付各种证书或文件的邮递费，主要包括：发明登记证、实用新型登记证再交付申请费，各种文件的副本、初始本的交付申请费，各种文件的证明申请费，登记原件的复印或记录事项的交付申请费，副本交付申请费及公报类或者图书的复印申请费。

整体而言，韩国专利费用按照申请或专利所处阶段的不同收取相关费用，部分费用种类按照申请文件提交形式，也就是电子文件提交或者纸质文件提交设置不同费用标准。以采用电子申请方式的发明专利申请为例，在申请阶段，主要是申请费和申请附加费，申请费的标准为每件 46000 韩元，而附加费的标准是说明书、说明书附图和摘要的总页数超出 20 页，每页加收 1000 韩元。审查阶段的费用主要是审查费、优先权要求费和优先审查申请费。申请人提出实质审查请求时，应当随实审请求书一并缴纳审查费。韩国的审查费和优先权要求费的计算方式并非按单一费额进行收取，而是在基本审查费的基础上按照权利要求项数的不同加收不同数额的附加费。同样以电子方式申请的发明专利申请为例，实质审查请求费为每件166000韩元，附加费或修改增加权利要求（每项权利要求加收）的标准是每项51000韩元，优先权要求费为每项18000韩元。韩国发明专利的维持费计算方式并非按单一费额进行收取，维持费包括基本费和以权利要求数量计算的附加费。在专利授权后，专利权人为维持每年专利权的有效性应当从专利权的登记日起至专利权存续期限届满为止，缴纳维持费。其中，第1年至第3年的专利维持费，应当在办理专利权登记手续时一并缴纳；第4年以后的每年的专利维持费必须在上一年期限届满前缴纳。也可以在第4年以后一次全部缴纳保护期限内的所有费用。其中，第1年至第3年的标准为每年13000韩元，第4年至第6年为每年36000韩元，每三年递增一次维持费标准，直到第13年至第20年采用统一的324000韩元的维持费标准。

同时，韩国设立了专利费用的减免政策，对减免对象做了详细和明确的划分，可以减免的费用包括登记费、手续费及审查请求费等。根据韩国专利法或实用新型法进行申请、审查请求或者权利设定登记的情况，如果申请人属于以下任意特定情形，且发明人与申请人相同时，依据专利法或实用新型法，每年10件为限免除该申请的申请费、审查请求费、最初3年的专利维持费、实用新型登记费。这些对象包括根据韩国《国民基础生活保障法》第2条第2款的救济者、根据韩国《对国家有功者等的礼遇及支援的相关法律》第4条的国家有功者及根据第5条的遗属或家族、根据《5.18民主有功者的礼遇的相关法律》第 4 条及第 5 条的 5.18 民主有功者的遗族及家族等。韩国知识产权局同时规定了对特定情形的申请费、登记费、手续费及审查请求费等进行减免。例如根据韩国《中小企业基本法》第 2 条规定的小企业（以下简称"小企业"）或根据第 2 条规定的中企业（以下简称"中企业"），与不是第 2 条规定的中小企业的企业（以下简称"大企业"）根据协议进行共同研究时，将研究成果根据韩国专利法或者实用新型法提出申请或审查请求时，可减免 50% 的申请费或审查请求费。对于个人（只限于发明人和申请人为同一人的情况）、小企业或中企业，减免 70% 的申请费、审查请求费、最初 3 年的专利维持费、实用新型登记费。根据韩国《技术转移及事业化促进相关法律》第 2 条第 6 款规定的公共研究机关（以下简称"公共研究机关"）或者根据第 11 条第 1 项规定的专门组织（以下简称"专门组织"），减免 50% 的申请费、审查请求费、最初 3 年的专利维持费、实用新型登记费。根据韩国《中坚企业成长促进及竞争力强化相关特别法》第 2 条第 1 款规定的中坚企业，减免 30% 的申请费、审查请求费、最初 3 年的专利维持费、实用新型登记费。同时，韩国知识产权局支援国外专利申请费，韩国人（个人和小企业）根据 PCT 到国外申请专利时，政府补贴申请费，补贴额度为每人 3 件，每件补贴不超过 200 万韩元。被认可为优秀发明的专利，政府补贴自其申请国外专利日起前两年的国内申请费用。同时政府还提供长期低息贷款，帮助专利权人维护其在国外的专利权益。

2.5.2　韩国专利费用政策发展趋势

韩国近年来专利费用政策的发展趋势主要体现在以下三个方面。

（1）寻求降低韩国国民向外国申请专利的费用支出途径。为了鼓励和推动韩国国民向外国申请专利，韩国政府通过两种途径来降低韩国国民向外国申请专利的费用。一是韩国知识产权局积极推进与外国专利局的合作，建立共同的专利审查机制或互相承认专利权的机制；二是韩国政府通过直接的财政补贴支援韩国国民获取国外专利。

（2）频繁调整国内专利费用标准，使其与韩国经济和科技发展水平相适应。2006 年韩国知识产权局改制，成为自负盈亏的组织。同时，韩国知识产权局对专利费用进行了全面调整，这是自 1998 年以来对韩国专利费用政策的第一次全面调整。在此之前，维持一项韩国专利权的年费每 3 年翻一倍。因此，专利权人必须为维持其韩国专利权支付很高的费用。调整后的韩国专利费用标准，降低了专利申请基本费用及固定了第 13 年起的年费。同时，在这次调整中也降低了优先权审查费，取消了在适用优先审查程序时按权利要求的数量收取附加费的规定。值得注意的是，在 2006 年以后，韩国知识产权局几乎每年都会对韩国专利费用进行微调。从总体上看，近年来主要是以调低专利费用标准为主。

（3）韩国政府实施全面的专利费用减免优惠政策。这是自 2005 年起开始实施的一项政策，该项政策是在政府对专利费用的补贴之外实施的。根据该政策的规定，中小型企业、中坚企业、政府所属研究机构及特定研究机构、学校和大学所属地方自治团体可减免 50% 的专利费用；个体发明人或小型企业可减免 70% 的专利费用；特殊人群则可以享受全免优惠。

2.6　外国专利费用政策简评

通过以上对英国、美国、日本、欧洲和韩国专利费用政策及其改革趋势的分析，发现这些国家或地区专利费用政策的改革主要呈现以下几个方面的特征和趋势。

（1）实现灵活的专利费用政策调整机制。纵观英国、美国、日本、欧洲、韩国的专利费用政策，发现这些政策虽然各有不同，但都通过改革建立了比较灵活的调整机制。

（2）普遍重视专利费用政策与本国国情相适应。纵观英国、美国、日本、欧洲、韩国的专利费用政策，无一不重视专利费用政策与本国或本地区实际情况的适应性，及时根据情况的变化对政策进行调整。

（3）充分利用专利费用的政策工具效应。英国、美国、日本、欧洲、韩国的专利费用政策，都充分利用了该政策的工具效应。首先，专利局运行成本的增加或者减少是调整专利费用政策考量的重要因素之一；其次，调整哪些专利费用种类的标准，无论是调高还是调低，实际上都会改变专利费用政策的结构模式。例如，美国专利商标局在2014 年大幅度调高了专利审查费，在美国专利商标局审查积压严重、授权专利的质量受到国内产业界广泛批评后，通过此项改革发挥专利审查费的调节效应，利用费用负担来抑制低质量专利申请提出审查请求，减少提出专利审查请求量，从而优化专利审查资源配置。

与专利费用政策相关的理论研究现状

在现有的国内外理论研究文献中，专利费用政策及其作用机理的研究比较少，但国外学者对专利费用相关政策的研究，有助于启发我们研究专利费用政策的功能与效用机制问题。其中，由于不当的专利费用政策可能会引发低质量专利，国内外学者围绕低质量专利产生的原因及其危害、专利质量的评价及其改进、专利费用对专利量的价格弹性估计、最优专利维持费进行了广泛的研究，取得了丰硕的研究成果。

3.1　关于专利费用政策的研究

早期关于专利费用的研究出现在 Federico 的研究中，他描述性地讨论了全球各专利系统的费用制度。在该时期，也有一些学者对专利费用的标准进行了探讨，如 Waston 就认为，专利局的费用标准应以当地非熟练雇工的平均工资作为参考，在平衡专利局收入的情况下，参考其他专利局的标准确定。随后的研究开始关注专利系统使用者对专利费用水平的感知，如 Cohen 和 Graham 等开始针对用户进行研究，其研究结果发现，所有的专利系统使用者都会抱怨现行的专利费用水平太高。在他们的调研中，有较多的受访者表示专利费用水平太高，太高的专利费用标准妨碍了他们对专利制度的使用。欧洲专利局在 1994 年进行的一项关于专利费用水平感知的专项调查研究表明，45% 的被访问的专利申请人认为欧洲专利局的申请费用水平是昂贵的，44% 的被访问的专利权人则认为欧洲专利的维持费用水平过于昂贵，几乎无法承担。该调研进一步显示，相对于大企业来说，受访者中的小企业对欧洲专利局的申请费用水平更为敏感，而大企业对欧洲专利局的维持费用水平更为敏感。Cohen 的调研报告同样显示，约 40% 的美国制造企业认为，过高的费用水平是导致申请成本增加的主要原因，也是这些受访者考虑是否申请专利的主要原因。Graham 的调查研究同样发现，作为潜在专利申请人的受访者，其在决定放弃专利申请时，成本因素是其主要考虑的因素，尤其是当受访者的企业是初创型企业时，更是将费用水平作为其考量是否申请专利的最重要因素。可见，早期针对专利制度使用者开展的调查研究均表明，专利费用水平影响了获得专利的成本，而过高的获得专利的成本是这些受访者不申请专利的最常见原因，而这种影响对小企业或初创型企业的影响最大。实际上，早期的调查结果虽然表明专利申请人可能对费用存在敏感效应，但调查对象的局限性，导致并不能准确评估专利费用水平对申请人行为倾向的影响程度。另外，这些调查研究的对象均是费用的负担者，负担者会很自然地抱怨费用水平高，导致这些调查研究的结果不是那么可信。值得注意的是，虽然这些早期的描述和后来的调查研究都具有一定的局限性，但它们为后来在专利费用政策领域的经济研究兴起提供了研究基础。

关于专利费用的经济研究兴起于专利申请活动的快速增长，专利局审查积压的加重及由此带来的对专利质量的担忧。专利局可以通过费用种类及标准的设置和调整对专利申请提交阶段申请人的行为产生影响，例如，各国专利局普遍要求专利申请人在提交的专利申请超过一定数量的权利要求项数和说明书页数后，缴纳附加的申请费用。而这种附加的费用直接针对专利申请文件中的权利要求项数和说明书页数，通过申请附加费这种费用种类的设置，以及相应费用水平的调整，对专利申请人在专利申请文本中控制权利要求项数和说明书页数产生了直接的影响。美国专利商标局在2004年曾做过类似的调查研究，该调查研究采用准实验的方法，通过这个实验发现，当美国专利商标局将基于权利要求项数的专利申请附加费水平大幅增加时，即每项权利要求从18美元增加到20美元，又从20美元增加到50美元时，会对专利申请人提交的权利要求项数产生重大影响。Eaton和Kortum最早发现专利申请费对专利活动产生了负面影响，随后关于专利申请费对专利申请量的影响及影响程度的研究成为专利经济学研究的热点问题之一。Adams开创性地运用计量经济学模型对1959—1991年间美国年度专利申请量数据进行了研究，发现专利申请量增长的弹性系数为-0.12。Landes和Posner运用1960—2001年间美国专利申请数据再次进行了研究，得到的弹性系数为-0.03。随后的几年对于专利申请量的弹性系数估计的研究达到了高峰，De Rassenfosse 和 Van Pottelsberghe 更是连续三年从不同的角度，运用不同的模型，以跨区域申请的专利为研究样本，估算出弹性系数分别为-0.5、-0.3（长期弹性）和-0.12（短期弹性）。在此之后，Moser 和 Nicholas 得出的弹性系数分别为-0.16 和-0.66。虽然专利申请量的弹性系数在不同研究中得出的结论不一样，但这些研究还是一致地表明，专利申请量受专利申请阶段费用的影响，专利费用在控制专利申请量上具有政策的可用性，但由于弹性系数均未超过 1，意味着专利费用只有实质性地提高，才能对专利申请量产生较明显的影响。

在国内外学者对专利费用政策所进行的研究中，主要就专利费用政策中的专利费用功能和专利费用结构两个方面进行了研究。就专利费用的功能方面的研究而言，研究的焦点集中在专利维持费的功能上。学者们早期的研究，如 Scotchmer 的研究认为，专利维持费使得对专利权人没有或者具有较低的经济价值的专利极早地进入公有领域，但设置过高的维持费，会使得高价值专利过早地进入公有领域，减损专利系统的激励效应；而设置过低的维持费，又会使得对专利权人已经没有经济价值的专利延迟进入公有领域，增加后续创新的成本。以此为基础，Harhoff 等学者随后从社会福利最大化的角度以及实证的角度对维持阶段的最佳费用标准、最佳费用模式（分年或分阶段、等额或递增等）进行了较为充分的研究，这一领域的研究也因此取得了较为丰富的成果。与 Scotchmer 的研究存在类似研究结论的是同时期 Cornelli 和 Schankerman 进行的研究，在 Cornelli 和 Schankerman 的研究框架中，假定申请专利的企业能观察到一项创新申请专利后获得收益，那么，创新者在决定是否申请专利时，需要考虑专利保护后的创新给企业带来的额外收益及企业为实现这一目标所花费的金额，即专利费用，包括专利维持费用。政府可以提供的最佳的专利维持费用标准，应该是满足创新者申请专利后获得额外收益大于其支出的专利申请费用和专利维持费用的总和。为所有的创新者制定统一的专利维持费用标准，实际上假定了不同价值的创新申请专利后获得额外收益的专利寿命具有一致性，这种统一的专利维持费用标准可能会减弱专利制度对创新者申请专利产生的激励作用，尤其是对创新效率比较高、潜在的专利申请比较多的企业。进一步地，Cornelli 和 Schankerman 通过模拟专利维持的过程分析了差异化专利维持费用机制的关键特征，同时，利用法国、德国和英国现有法定专利维持费用标准与其设计的最佳专利维持费用标准进行了比较，发现在这些国家实施的专利维持费用标准不是最理想的，最佳的专利维持费用标准应该随着专利寿命的增长高比例增加，现行专利维持费用的递增幅度过小，导致专利权人长期低成本维持专利权的效力。

Griliches 比较了不同专利维持费的征收方式对激励创新者和减少垄断的作用，他认为维持费具有"专利保护税"的性质。即使一些国家在本地区实行统一审查的专利联盟，联盟内的各个国家也可以收取不同水平的维持费，正如取消关税壁垒后各国之间的财产税率依然可以有所不同一样。不同国家通过收取方式和额度不同的专利维持费形成一定的壁垒，从而影响他国居民来本国申请专利的行为。同时，Griliches 通过对水平制维持费和累进制维持费的比较，认为在维持费随着维持年限的增长而累进递增的收取方式下，专利权的实际保护年限要小于维持费随着维持年限的增长而固定不变的水平制收取方式。结果是市场独占的时间变短，专利权垄断给社会带来的福利损失减小，同时，专利权人的收益不仅没有减少反而可能增加。Cornelli 和 Schankerman 以信息经济学的模型为基础对专利维持费的功能进行分析。他们认为企业为了获得更长的专利保护期，往往不会主动向政府坦白真实信息。此时将信息经济学发展起来的不对称信息决策模型引入专利维持费的研究中，对政府选择最佳的专利维持费机制进行研究。Cornelli和 Schankerman 认为专利维持费的设计，应建立在对专利申请者信息的收集和分析的基础上，制度的设计者可以选择对不同企业的不同技术实行不同的维持费制度，这样有利于增加社会福利。

就专利费用的功能而言，除了专利维持费，还有一些学者从历史考察与比较的角度对专利费用功能进行研究。如 Granstrand 在比较了美国与日本的专利制度及政策后，认为日本政府为了鼓励专利申请，长期对专利收取较低的费用，因此，在日本拥有一项专利权的成本比美国低，从而日本人更愿意就小发明申请专利，在一定时期涌现出了大量的改良技术，这些"小专利"潜在的经济价值并不一定小。Granstrand 同时认为，美国采取高专利费用的做法，提高了发展中国家的申请人到美国寻求专利保护的门槛，成为美国贸易壁垒中一种新型的非关税形式。该研究启发我们低的专利费用标准在一定程度上能激励创新，高的专利费用标准在一定程度上能提高专利质量。

从国内外学者对专利费用功能的研究现状来看，主要集中在专利维持费的功能对专利制度和技术创新的影响方面。但现有文献对其他专利费用种类（如专利申请费用、专利授权费用等）的功能研究得比较少。

就专利费用的结构方面的研究而言，国内外的研究都比较少。对专利费用结构进行研究的国外学者，主要以美国学者为主。而美国学者对专利费用结构的研究，发生在美国专利商标局改制以后。如 Jaffe从公共政策的经济学角度，对美国专利制度的发展进行了研究。他认为美国专利系统近年来的改革出现了一些偏差，其中包括专利费用额度的提高和专利费用结构的变化。在其出版的 *Innovation and Its Discontents* 一书中，将美国的专利改革归根于民众对专利申请量的暴涨和专利诉累的不满，而专利申请和专利诉讼涉及专利律师等众多利益集团的切身利益，因此，控制专利申请量和降低诉讼成本的改革屡屡受挫。而美国专利费用改革的直接动因来源于美国专利商标局由一个政府拨款单位改革成了一个从专利费用的收取中取得运营资金的单位。在该书中，Jaffe 批评了美国提高专利申请费用、降低专利权维持费用的做法，他认为此种改革破坏了专利费用的合理结构，在增加美国专利商标局收入的同时，因专利申请量的增长导致专利质量降低。

同时，Gans 等也以美国专利商标局的运行数据为依据，通过建立经济学分析模型研究了专利费用和专利局属性的关系。研究结果表明，专利费用的结构受到专利局经费来源的影响。当专利局由政府出资时，专利局采取的专利费用征收以社会福利为导向，能够有效发挥补偿财政支出和经济杠杆效应的作用。当专利局的运行资金来源于专利费用的收取时，专利局采取的专利费用征收以部门利益为导向。此时，专利局在获利冲动下，会有提高专利申请初始费用而降低专利权维持费用的倾向。同时，研究表明，专利申请初始费用的增加，对专利申请量的增长影响较小，而专利维持费用的降低，却大大延长了专利权的维持时间。这带来了两个方面的危害：一方面，专利申请量的增多增大了专利局的审查压力，从而降低了授权专利的质量；另一方面，维持时间变长使得低质量的专利长期处于垄断状态。由专利局运营资金来源变化导致的专利费用结构调整带来的这两方面的危害，都对社会福利产生了减损效应。

国内学者的文献中没有见到研究专利费用结构的学术性文章。从国内外学者对专利费用结构的研究现状来看，国外学者集中在专利局的改革引起的专利费用结构的不合理变化，并研究了专利费用结构变化对专利质量和社会福利产生的影响。而国内学者缺乏对专利费用结构与专利制度之间关系的理论性探讨。

3.2　关于专利政策与专利行为理论的研究

专利费用政策属于专利政策的范畴，研究专利费用政策的作用机理，需要以专利政策的作用机理为基础。因此，有必要对与专利费用相关的专利政策的研究现状进行梳理。对于专利政策及其对创新和经济社会发展的作用机理，国内外学者的研究处于探索阶段，但研究成果已经不少了。如 Thurow 在研究了不同行业的技术发展特征及其在美国的发展阶段后，发现处于不同发展阶段的技术对美国的科技进步和经济发展所起的作用不同，并结合专利制度与政府政策进行了具体分析，提出政府的专利政策应该结合专利制度对不同行业的发明区别对待，从而在激励创新的同时减少垄断带来的福利损失。英国知识产权委员会在 2002 年的研究报告中指出，专利政策的实施会影响专利法律制度的运行绩效，并对专利技术的供给和扩散产生实质性影响。在国际上，越来越重视通过专利政策来解决发展中国家在目前国际专利制度下的困境。该委员会在做了广泛的调研后，认为不管是制定国内还是国际知识产权政策，都应该把经济社会发展目标作为政策不可分割的部分来考虑。但 Thurow 指出，专利政策并不能直接追求最终目标，只能通过作用于专利法律制度，达到一定的中间目标，通过中间目标的实现，实现最终的目标。Thurow 同时指出，专利政策的中间目标有的时候和最终目标是不一致的，应该区分两个不同的目标，通过控制中间目标来实现最终目标。

国内学者对专利政策的研究正在慢慢兴起。如刘华在其 2004 年出版的《知识产权制度的理性与绩效分析》一书中对政府管制的理论和方法、目标、对象和工具，以及国外知识产权制度运行中政府管制的实践进行了探索性研究。吴欣望在其 2005 年出版的《专利经济学》一书中也指出，对技术创新的激励，纯粹的市场激励和政府激励都具有局限性，因而需要专利权激励，但专利权激励并不总是有效的，在该书中作者指出了专利权激励的优缺点，分析认为当市场本身受到限制时，仅靠专利权的激励作用，并不能诱发足够的私人研发投资从而促进技术创新。在此基础上，作者提出政府政策激励是市场激励和专利权激励的有效补充，公共部门应承担市场失灵和专利失灵情形下，弥补专利申请人风险和损失的职能。在该书中，作者还研究了专利政策的目标和工具，指出专利政策通过影响专利制度的运行效果从而实现其最终的经济目标——技术创新和经济发展，但专利数量、专利质量等是专利政策达到最终效果的中间目标。

关于专利行为理论的理解，首先应该从法学的角度对专利申请行为的内涵进行解读。知识产权制度的建立，从其社会动因来说，是科学技术与商品经济发展的结果；从制度构建来说，是法律革命与创新的产物。为了促进技术发展和科技创新，世界各国纷纷构建专利制度，任命专利局代表社会大众授予专利权人排他性的权利，以回馈其在发明创造中付出的努力以及对社会科学技术进步和经济社会发展做出的贡献，而专利权人则需公开其发明创造的详尽内容。

专利契约论诠释了专利制度的正当性，并构建了专利制度体系及参与者彼此间的权利义务关系。该理论指出，专利是在发明人与社会公众之间达成的一种契约，依据这一契约，发明人将自己发明创造的公开作为对价，来获得由政府代表公众授予其技术使用的排他性权利。对价是自由与公平的较量结果，在专利制度中体现为专利权人通过向公众披露其发明创造获得排他性权利。专利契约论立足于民事契约论和社会契约论，对专利制度中从专利申请行为到专利授权行为的正当性进行阐述。其中，社会契约论的财产权理论清晰地解释了"专利作为私权同时又需要国家授权"这一看似矛盾的命题，而民事契约论精细化地诠释了专利权人"以公开换取垄断"的具体内涵。这样的分析过程使专利制度成为知识产权家族中唯一具有契约论烙印的制度，著作权和商标等知识产权制度中尚无契约理论。使用契约理论对专利制度进行分析和规制，可以明晰各方主体的权利义务关系，达到利益平衡的效果。作为法哲学理论的社会契约论明确了专利制度中的权属关系，并对公权力介入专利制度的缘由和积极作用进行了阐述。根据社会契约论，自然状态下的财产自由和权利仅是一种事实状况，只有通过社会契约订立了规则的财产自由和权利，人们才可以安全地享受受到保护的法律利益。在将"自然之权"转化为"法定之权"的过程中，政府的角色保证了财产者地位的平等、财产权保护的平等，进而充分保障权利人利益的实现。

在现代社会，民法在保护各方权益时强调了私人利益之间、私人利益与社会公共利益之间的权衡，行政法领域亦要求在维护公共利益的同时应当有条件地承认和保护个人利益。专利权的本质是私权利，它是归属于特定主体所专有的财产权，但是与一般的财产权之间又存在着明显的区别：专利权是无体财产权，它来源于无形的技术知识，且需要依附于有形的载体才可以被确认和识别。无体财产权对于法律的依赖要远大于有体财产权，一旦技术信息进入了公共领域，发明人很难控制信息的流通范围，这时就需要一个具有更高位阶的秩序维护者对发明人的权利予以保护，使得发明人愿意将自己的信息与社会公众分享，而不是选择隐藏自己的技术发明。换言之，专利制度没有影响发明人选择是否进行发明创造的决定，如果没有专利制度，发明人可以用商业秘密或市场领先来收回成本；但专利制度改变了发明人是否公开其发明成果的决策。在专利制度的模式下，发明人通过公开技术获得垄断权，可以补偿发明创造活动中支出的劳动和费用，还可以获得更大利益的回报，长此以往，更多的技术信息进入公共领域，整个社会的技术知识总量不断增长，为科技的进一步发展积累良好的条件。专利制度为成功发明人提供的专利权，会激发未来的潜在发明人期望专利制度也会给他们的付出提供一些有价值的东西。这种对未来回报的私人期望，激励未来的发明人加大对研发的投资，从而产生了专利制度所承诺的公共利益即更多的创新。专利权人可以合法地享有自身权利，该合法权利可以受到更好的保护，社会总体技术量不断增加，形成良性的促进关系。民事契约论的框架明晰了专利制度中不同主体之间权利义务的关系，有助于维护专利制度的良性运作。

从法理的角度理解专利申请行为理论，从民事契约论的角度可以发现，专利申请过程体现了民法领域最基本的契约自由原则、平等原则，通过将专利权人与社会公众置于契约的两侧，使得专利制度服务于双方的利益。契约理论的核心观念是对价。将对价这个概念引入专利制度中，既授予了发明人权利，也对发明人获得和使用权利进行了限制，在多个利益群体之间维系了利益平衡。一方面，由国家机关代表社会公众同发明人签订这份契约，对发明人施以了约束，保护了公共利益。一般而言，对价具有两个要素：存在交换条件，且交换条件具有法律价值。由公权力机关对申请人提交的文件进行审查和授权，为专利契约的达成提供了平台。考虑到专利申请文件具有较高的技术含量，内容具有较强的专业性，一般公众不易识别其中的技术方法，因此国家专利行政部门的审查行为实质上维护了社会公众的利益。交换条件需要具有法律价值则意味着申请人在取得权利后需要对公众公开自己的发明内容，专利制度中的法定可专利性标准在一定程度上确保了公众可获得的技术信息的含金量。由于专利权人获得的是一个具有排他性质的权利，在权利的取得和维持期间专利权人需要缴纳的申请费、维持费等相关费用也是专利权人享有这项排他权利所需要支付的对价。另一方面，对价也约束了权利相关人和社会公众的行为，保障了专利权人的合法权益。公权力机关对专利权人所拥有权利的确认，保证了权利人对权利进行支配的正当性和合法性，有力地提升了对无体财产权的保护力度。社会公众若想使用专利权人手中的技术就必须尊重专利权人的合法权益。相应地，当专利权人的权益被侵犯时，专利权人可以依据相应的法律规定要求侵权行为人停止侵权行为、进行赔偿等。专利制度在这种以国家机关为桥梁、以对价为核心概念的民事契约的规范下，平衡了发明人与社会公众之间的利益关系，在保护发明人的权利、促进发明人创造积极性的同时，又可以使公众及时享受到技术进步带来的好处。

通过对专利申请行为以及专利契约缔结过程中各方主体权利义务的分析，可以看出，专利制度为发明人提供了专利权的原始取得方式，一方面要求社会公众尊重专利权人的权利，另一方面促进了社会公众的总体福祉，这样彼此制约的制度构建了在专利权人与社会公共利益之间的平衡。专利申请行为具有双重的意义。一方面，提出专利申请是发明人获得被社会公众认可并尊重的权利的原始取得方式，作为取得权利的程序性行为是必不可少的。另一方面，通过国家专利行政机构的授权和公示可以确保权利的稳定性。专利权的取得方式来源于国家机关的授权行为，这亦是专利权取得过程与市场主体之间利益竞争不可分割性的缘由。

在专利申请行为理论中，将专利申请行为过程中的利益各方主体，尤其是专利申请人及其代理人行为中遵守诚实信用原则作为该行为理论的核心要义。道德准则法律化的诚实信用原则，引导和规范人们在市场活动中的具体行为，被我国民法学者誉为"帝王条款"。知识产权具有私权属性，在得到法律保护的同时，亦应受到法律的必要限制。将诚实信用原则适用于专利法领域，发挥了诚实信用原则利益平衡的功用，有助于维护专利制度的平稳运作。从诚实信用原则的角度看，诚实信用原则作为贯穿了契约法发展历史的基本原则之一，将其适用于同样具有契约属性的专利法法律关系中容易得到广泛认可和执行。自现代意义专利制度建立伊始，发明人作为市场主体参与到技术的产业化当中。专利权是发明人以公开换取的私权利，而经过权利化后的发明创造只有进入市场才能给发明人带来实际回报。从这个角度来说，申请专利的行为本身就是市场主体的商业化行为。专利申请人的专利申请行为和国家专利行政部门代表大众进行的专利审查和授权行为，其本质上是形成一个类似于双务合同的过程。其中，发明人通过公开其发明创造的技术内容作为对价，获取以国家为代表的社会所赋予的排他垄断权。

虽然诚实信用原则在专利申请行为理论中处于核心地位，但在法理上是处于补充地位的一项民法基本原则，可以填补法律漏洞。在发现已有法律条文无法处理的专利申请失信行为之时，诚实信用原则可以作为评判民事主体应得其利益的正当性、合法性的尺度，维护社会秩序的稳定、平衡各方主体的利益。在实践中，专利申请过程中违背诚实信用原则的行为表现复杂，并随着社会经济发展不断呈现出新的模式，事先对其予以界定存在难度。一方面，专利申请与授权活动中应当以诚实信用原则为基本理念，对申请人施以诚实信用的义务，规范申请人的专利申请行为。不允许任意一方凌驾于他方之上，也不允许不合理利益的产生，否则将悖于专利法中衡平的本质。另一方面，诚实信用原则也可以帮助法官准确理解具体法律规范的含义，在法律未有具体明定权利义务关系的场合，衡平法律规范司法适用的效果，通过司法裁判宣示维护公平竞争、反对一切不正当行为、追求公平正义的价值，在全社会营造诚实守信的良好氛围。诚实信用原则可以在不应获得保护的专利权、权利不得滥用以及对违反诚实信用原则骗取专利权后谋求侵权诉讼赔偿的处罚等方面填补专利制度中的空白。

在专利申请行为理论的整个历史发展过程中，利益平衡始终是该理论发展的主旋律。而诚实信用原则涉及两重利益关系，即当事人之间的利益关系和当事人与社会公众之间的利益关系，而诚实信用原则的目标，就是要在这两重利益关系中实现平衡。利用诚实信用原则的利益平衡功能维系专利制度的正常运作，也是十分适当的。在专利制度的背景下，专利行政部门代替社会公众对专利申请进行的审查行为，对符合可专利性标准的专利申请授予专利权的行为，是专利制度在维系发明人与其他相关权利人、社会公众之间的利益平衡的重要体现。社会发展的价值体系是个人本位与社会本位并重的双向本位观念，对知识产权人利益的保障不能忽视公共利益。这不仅要求专利行政部门在履行自己职责时认真严谨、维护社会公众的利益，同时也要求申请人在申请专利的过程中遵守诚实信用原则，善意地维护自己的权益。一般而言，专利申请人对自己所提交专利申请文件的"可专利性"最为清楚，如果专利行政部门对申请人提交的申请书没有任何要求标准的话，那么申请人为了追求对自己有利的结果就有可能故意提交虚假的申请文件，而诚实信用原则的适用可以对此类行为进行规制。平等原则和自愿原则的确立充分体现了尊重申请人作为"以公开换保护"的专利权合同签订一方的民事主体地位，公权力机关的审查和授权过程明确了专利权的权利属性和权利归属，为发明人通过申请专利权以保护自己的合法权益保障了充分的空间；而诚实信用原则会偏向于强调保护其他社会参与者的利益和公共利益，追求公平正义，它要求人们在实现自身利益的同时要尊重他人利益和社会利益。因此，将诚实信用原则适用于对专利申请失信行为的规制之中，顺应了现代社会个人利益和社会利益一体化的潮流，并有效地在各方主体之间取得了利益平衡。诚实信用原则的适用并没有限制申请人提交专利申请、维护自身利益的行为，而是在民事主体意思自治原则的总体框架之内，对出现的部分偏离专利制度设计主旨的行为进行修正和填补，二者彼此联系，相互制约，促进专利制度朝着更加高效、有序的方向发展。适用诚实信用原则对不正当专利申请行为予以规制十分必要。不正当专利申请行为无谓地消耗了专利审查资源，扰乱了专利制度的正常秩序，给专利制度的公信力造成了负面影响。为了将社会有限的资源合理地运用在专利审查过程中，最大化社会公共利益，要求申请人在提交专利申请时遵守诚实信用原则，对于维护社会公共利益是十分必要的。

专利政策的一般理论与专利行为理论为我们的研究提供了有益的启发，有助于我们理解专利费用政策在整个国家技术创新中的地位和功能。但当前，国内外学者对专利政策的研究还主要集中在宏观探讨，对各种微观的具体专利政策研究得比较少；而关于专利行为理论的研究也主要从法理的角度进行了比较多的研究，经济分析较少，尤其是结合专利费用政策进行分析的比较少。专利费用政策属于微观的具体专利政策范畴，与专利行为中的专利申请行为存在密不可分的联系，但相关的理论研究仍然比较滞后，未见有学者将这些问题置于国家技术创新系统中对其进行研究，研究其对专利申请行为及国家技术创新的作用机制。

3.3　关于专利费用影响下的专利倾向理论的研究

由于专利费用由专利申请人负担，因此专利费用的变化可能直接影响专利申请人的行为倾向。专利费用发生作用的机理主要是通过调节专利费用而影响专利申请人的行为，而申请人行为研究是当前专利政策相关研究的热点问题之一。由此，有必要对与专利费用政策相关的专利申请行为的研究现状进行梳理。实际上，对于专利申请行为的研究比较多，其中与专利费用政策相关的研究主要集中在专利申请决策、专利倾向、低质量专利与垃圾专利方面。

就专利申请决策方面的研究而言，国外学者主要从定量分析的角度集中研究了企业研发与专利申请行为的关系。如 Plasmans 和 Pauwels 通过构建专利申请的决策模型，对欧洲国家企业的研发战略与专利申请决策之间的关系进行了研究。他们认为企业应结合企业内部的研发战略和企业外部的技术竞争环境，做出最优化的专利申请决策，并对专利申请的时间、地点、国别等的选择进行了具体分析。同时，也有一些国外学者从福利经济学的角度，通过模型的构建，对专利保护和商业秘密的保护下企业利润的比较对专利申请决策进行了分析。如 Gallini 通过一系列的假设条件和模型构建，认为当企业从专利保护中获得的净利润大于从商业秘密保护下获得的净利润时，企业会选择申请专利，否则，企业会选择通过商业秘密来保护其技术。他们在具体分析了在美国专利制度中可能会阻碍企业从申请专利中获取最大净利润的因素后，提出了具体的改革美国专利制度的建议。我国学者对专利申请决策的研究，主要从企业专利战略的角度进行了一些定性的研究。尽管国内外学者对专利申请决策研究的偏重点不一样，但大多数学者主要集中在专利申请带来的技术公开风险，未能对专利申请决策中如何考量专利费用成本的问题进行分析。但现有的国内外文献为研究专利费用成本下的专利申请决策启发了思维，并提供了理论和模型基础。

专利倾向是指技术创新成果拥有者提交专利申请的意愿。现代专利制度为了平衡公共利益和私人利益，规定提交专利申请后在审批过程中，就需要按照法律规定的程序和形式完全而详细地公开其专利申请的技术创新成果，以此换取专利权的排他性保护。但获取权利前的公开要求，使得专利申请者无论是否获得授权都可能会给竞争者提供模仿的机会。因此，在现实中，并不是所有的技术创新成果的拥有者都愿意申请专利。其实早在 1965 年，Scherer 就提出了专利倾向的概念，他指出不同行业和不同特征的企业申请专利的意愿不同，可以通过单元的研发支出产生的专利量来定义专利倾向。后来，Mansfield 和 Griliches 在研究如何度量技术创新绩效时进一步研究了专利倾向问题，并在其研究成果中解释了为什么专利申请量不能作为有效度量技术创新绩效指标。他们指出，由于专利倾向的影响，并不是所有的技术创新成果都具有可专利性，也不是所有的可专利性技术创新成果都申请了专利。近年来，全球专利申请量持续增长，而全球用于研发的资金并没有随之显著增加，如 Kortum 等以美国企业的专利申请和研发投入数据进行实证研究，发现每年美国企业申请专利的数量在急剧增加，但每年用于研发的资金并没有随之增加。也就是说，单位研究投入带来的专利产出，即专利倾向在不断提高。在这种背景下，学者们提出了"专利悖论"问题，即企业并不太依赖专利来获得研发投资收益，那么为何如此热衷于申请专利；如果专利很值钱，为何单项专利的研发投入却在不断减少，为何促进企业创新的专利制度设计只带来了专利数量的增加，但却没有同样刺激企业的研发投入。实际上，"专利悖论"问题最终指向了专利倾向，因此，关于专利倾向的研究再次被学者们所关注。学者们研究专利倾向的角度各异，如 Cohen 和 Blind 等从企业所具有的微观特征出发进行研究，他们认为规模较大、存在研发合作或者联盟关系、制定了知识产权战略、具有紧密的研发组织等的企业具有更强的专利倾向。而 Hall 和 Suzuki 等从宏观行业特征出发，分别研究了半导体行业、计算机信息系统行业、计算机软件行业、电子设备制造行业、制造业等不同行业因素对专利倾向的影响。Gaetan 和 Van Pottelsberghe 等的研究更是表明，专利申请的动机由传统保护创新到战略应用的转变，导致专利倾向的异质性对专利申请量产生了影响。可见，由于受到专利倾向的作用，专利申请量增长的原因不再是单纯的技术创新成果的增多，而可能是企业竞争战略的需求、行业竞争环境等复杂因素的影响。

专利费用政策可能会改变专利申请人的行为倾向，主要是因为专利费用政策中种类及标准的设置会对专利申请人负担的成本产生影响。而专利申请不一定会被授权，在成本损失风险的考量下，专利申请人可能会谨慎考虑是否提交专利申请。国内外学者已经在专利费用影响专利倾向方面展开了一些研究，就专利费用种类来说，现有研究主要集中在专利申请费用上，而专利审查费用相关的研究比较少。实际上，专利审查费用规定的标准一般都比较高，而专利审查也是各国专利系统设计的重要环节之一，缴纳专利审查费用是专利申请人启动专利审查程序的必要条件。考虑到专利审查费用的多重功能，各专利局不断改革本国的专利审查费用体系，如美国专利商标局和欧洲专利局近年来频繁地增加专利审查费用的额度。一般来说，专利审查费用的首要功能在于补偿专利局审查专利申请上的花费，如作为独立核算、自负盈亏的美国专利商标局，在专利审查费用改革中就有通过调整专利审查费用结构和额度的方式增加自身收入的倾向。当然，这种倾向受到了学者们的质疑，认为美国专利商标局的专利审查费用体系仅考虑了弥补自身开支的功效，而忽略了其具有的调节功能，当前的专利审查费用体系正在不当地鼓励申请人对专利申请和专利审查请求的滥用。实际上，学者们在对专利审查费用体系进行实证研究时发现，专利审查费用对专利倾向具有调节功能，如 Gaetan 和 Bruno 为了检验专利审查费用影响专利倾向的直觉，对欧洲、美国和日本专利机构 20 年的专利审查费用和专利申请数据进行分析，发现专利申请的弹性系数为 -0.4（与居民对天然气和水的需求相似），并由此认为过去 20 年里各专利局实行的松弛的专利审查费用政策为全球出现的专利申请的爆炸式增长做出了贡献。如果专利审查费用较高，无论是高质量专利申请还是低质量专利申请，专利申请的成本都会增加，专利倾向会降低。由于价值高的专利申请市场获利预期高，高价值研发成果的专利倾向对专利申请的成本并不敏感，而价值低的专利申请被拒绝的概率高，较高的申请成本会对低质量申请的专利倾向产生抑制效应。如果专利审查费用较低，无论是高质量专利申请还是低质量专利申请，专利申请的成本都会减少，专利倾向会增强。但由于高质量专利申请的专利倾向对专利审查费用和申请成本不敏感，较低的审查费用并不会激励出更多的高质量专利申请，而低质量专利申请的专利倾向对专利申请成本敏感，较低的审查费用会增强低质量专利申请的专利倾向，产生激励效应。由以上分析可知，专利审查费用作为专利系统设计的杠杆，会因作用于专利倾向而对专利申请量和专利申请质量产生调节效应。无论专利审查费用高或低，高质量专利申请的专利倾向不受影响。而当专利审查费用较高时，低质量专利申请的专利倾向降低，会减少低质量专利申请的数量；当专利审查费用较低时，低质量专利申请的专利倾向增强，会增多低质量专利申请的数量。

与专利费用政策的调节功能相关的就是专利质量问题。早期专利制度的经济研究并没有太关注专利质量问题，如 Scherer 等学者早期的研究更加关注专利制度是否促进研发投资，随后 Gallini 等学者的研究主要集中在专利的最佳长度，Klemperer 等学者关注最佳保护范围，以及 Scherer 等学者关注专利保护的地理范围等专利保护强度。随着专利申请的繁荣、授权的专利增多以及诉讼活动的频繁，低质量专利逐渐发展成困扰实务界的全球性问题，关于低质量专利的产生及其危害的研究性成果也越来越多。Barton 等学者认为，大量低质量专利的授权会增加诉讼成本并损害创新激励。Jaffe 和 Lerner 甚至认为，低质量专利的大量存在，已经使得专利系统成为创新的阻碍，并首次提出了关于专利质量的"恶性循环"假说，即低质量专利授权说明专利局审查得不严格，会激励出更多的低质量专利申请，而更多的低质量专利申请会进一步加重专利局的负担。随着专利局的负担越来越重，在审查资源有限的情况下，审查员就会更容易犯错，从而就会授权更多的低质量专利。"恶性循环"假说随后被 Van Pottelsberghe 等学者的研究证实。近年来的研究表明，随着低质量专利的累积，低质量专利的危害程度正在加剧，主要源于审查积压的增多、专利丛林的发展、"专利蟑螂"的出现、专利保护强度的加大等因素的影响。可见，专利质量问题近年来已成为国内外研究的热点问题之一。学者们普遍认为，全球专利系统面临着越来越严峻的专利质量挑战，低质量专利的大量累积已经严重损害到专利系统激励创新功能的有效发挥，甚至危及专利系统的生存。现有研究对低质量专利及其产生的危害进行了较为充分的研究，这些已有的研究成果是研究专利费用政策作用机理的起点和基础。

随着专利质量问题逐渐凸显，学者们在研究低质量专利产生的危害的同时，开始关注如何提升专利质量。大多数学者认为，提升专利质量主要在于专利局。Eisenberg 提出通过提高审查标准可以改善专利质量，Dreyfuss 也持类似的观点。Noveck 认为低效率的现有技术获取方式是低效率审查的源头，可以通过外部同行评议机制的设立有效提升专利局获取现有技术的效率。Harhoff 认为，专利局授权的低质量专利源于审查员的错误，通过改善对审查员的激励，可以降低审查员犯错的倾向，从而提升专利质量。但 Lemly 等学者认为，专利局在审查资源有限的情况下存在"理性无知"，即使审查员穷尽各种努力，仍然可能会错误授权，低质量专利无法完全被清除。随后，这种理论被进一步发展，Lichtman 和 Lemly 认为既然低质量专利无法被清除，那么，应该削弱专利推定有效的原则，设立根据不同审查强度建立起来的专利权效力分级体系，不同效力的权利获得不同程度的有效推定及保护强度。Hoenig 和 Henkel 在这种理论的基础上，提出了废除专利审查制度，建立专利注册制度的建议。但大多数学者依然认为，专利局应该严格审查，大量授权低质量专利会危害专利系统的生存。近年来，不少学者提出了更多的提升专利审查效率和质量的措施，如提高外部信息的获取能力、加大专利审查的外包力度、扩大专利审查国际合作、改善授权后的纠错机制等。

可见，现有研究关于专利质量的改进存在一定的争议，大多数学者认为应该加强专利审查，这方面主要的研究成果也集中在专利局如何通过改善审查机制来提高效率、减少审查员犯错，从而提升专利质量，但较少有学者关注专利局现有政策工具在提升专利质量上的应用，也较少有学者关注从源头上如何运用专利局现有政策工具控制专利申请质量（一般认为，专利申请质量是专利局无法事先观测到的，因此，专利局在申请质量上的控制难以实现）。

现有关于提升专利质量的研究是进一步研究专利费用政策如何影响专利质量的基础，也为我们将专利局现有政策工具，尤其是专利费用政策与从源头上预控专利申请质量相结合，从专利费用政策优化的角度研究如何提升专利质量提供了重要的借鉴意义。可见，现有研究聚焦在低质量专利的危害以及如何通过加强审查过滤低质量专利方面（如审查强度、审查员激励、外部信息获取、公众评议、审查外包、审查国际合作等各种机制的研究），较少关注包括专利费用政策在内的其他政策工具在专利质量提升方面的可用性研究，也较少研究如何从源头上控制专利申请数量及抑制低质量专利申请。而将两者结合起来，即是否以及如何运用专利局现有的政策工具从源头上控制专利申请质量，从而提升授权后的专利质量，在现有研究中是缺失的。另外，现有研究中关于专利费用的研究，也主要集中在申请阶段费用对专利申请量的影响，以及从福利最大化的角度对维持阶段费用进行的经济学分析，未见有文献将费用与质量直接联系起来进行研究。现有的研究已经揭示了专利费用是专利局调节专利申请数量的可用的政策工具之一，但现有研究没有进一步揭示不同质量的专利申请受到的影响程度，即提高专利费用标准是否会对高质量专利申请也产生抑制效应，而降低专利费用标准是否会对低质量专利申请产生比高质量专利申请更大的激励效应。

实际上，以此理论问题为出发点，本书着眼于实践中各大专利系统面临的质量困境，聚焦专利费用对低质量专利申请的抑制效应，不同的专利费用组合和结构对低质量专利申请的抑制效应，以及受社会福利最大化约束的最优专利费用结构这三大理论问题，并以采取了不同结构的美国、欧洲专利系统的专利费用及专利申请和授权数据为样本，实证分析了专利费用结构对低质量专利申请的抑制效应，在理论与实证研究的基础上，再进一步结合我国实践，提出我国当前应有的政策选择与路径优化建议。

近年来，国内外学者对专利申请中出现的垃圾专利现象的研究也越来越多，越来越深入。国外学者对垃圾专利的研究，注重从专利质量对技术创新和社会福利的角度进行定量分析。如 Mowery 和 Ziedonis 以美国三所大学在 1980 年以后的专利申请数据为基础，通过对数据进行统计和分析，认为美国针对大学专利的实施政策影响了专利数量和质量。在专利数量增长的同时，专利质量并没有相应地增长。他们进一步探讨了专利数量与专利质量对社会福利的影响，认为大量专利申请背后的低质量专利不仅没有因专利数量的增长而增进社会福利，反而减损了社会福利，因此认为，政府的专利政策应倾向于更多地关注专利质量的提升，而不应造成对专利数量的误解。Hall 和 Graham 在定量地分析了美国专利商标局改革后出现的专利申请浪潮后，认为美国专利商标局面临的审查压力导致授权专利的质量降低，而针对专利申请中的垃圾专利进行的专利诉讼浪费了大量的资源，不少当事人因申请专利而背上沉重的诉讼负担。他们在比较了欧洲专利局的做法后，认为美国专利商标局应该对其专利制度进行改革，提升专利审查的标准，以防止更多的无效专利出现。Lanjouw 和 Schankerman 以 1980 年至 1993 年美国专利申请和研发投入数据为基础，通过对这些数据进行数理统计分析后认为，专利质量与技术研发投入的效率存在着较大的关系。专利局授权的专利质量越高，依赖于专利信息进行研发的企业投入产出的效益越高；而专利局授权的专利质量越低，尤其是授权的垃圾专利越多，企业研发投入产出的效益会越低。

垃圾专利问题也越来越引起国内学者的关注。国内学者的研究，多在国外已有研究成果的基础上，进行一些定性分析。如程良友等对专利数量增长背后的低质量专利进行分析后认为，垃圾专利降低了技术创新的效率。魏衍亮在研究了不同国家出台的防范垃圾专利的政策后认为，垃圾专利的出现在任何一个国家都不可避免，企业应注重以自我防范为主。

可见，国内外学者对低质量专利及垃圾专利的研究，主要在于其产生的原因、危害性及防范措施方面。其中，就低质量专利及垃圾专利产生的原因，主要包括从专利制度、专利审查和专利竞赛三个角度进行概括。

专利费用政策功能的一般理论

专利费用政策是专利制度设计中的重要环节，其直接影响了专利制度的运行功效。当前，各国普遍认识到专利费用政策的重要作用，在专利费用的政策设计上越来越复杂化，越来越重视其政策工具的应用。专利费用政策设计主要包括专利费用费种、结构和标准。通常来说，不同专利局不仅在费种设置上不一样，专利费用结构和标准的差异也较大，因此，对全球专利局的专利费用政策进行横向比较是一件非常困难的事情。但随着各国专利制度的趋同化越来越明显，各国在专利费用费种设置上存在的差异越来越小，但专利费用的结构和标准仍存在较大差异，甚至出现完全相反的发展趋势。例如，有些专利局调高专利费用标准，而另外一些专利局调低专利费用标准。这些政策决策的背后，存在对专利费用政策复杂的经济效应考量。各国在确定专利费用标准时，往往需要结合专利费用结构中不同种类的专利费用项目所具有的效应，综合本国经济和科技发展需求、创新主体对专利费用的政策需求、本国产业发展与支持本国企业参与国际竞争的需求等因素来确定。那么，从经济学的角度来看，专利费用政策具有哪些经济效应？是否已经被验证为有效的政策工具？各国进行的专利费用政策改革是否有理论上的支撑呢？这些是我们需要深入研究的理论问题。

实际上，早期专利局收取专利费用的目的在于补偿政府专利审查的费用支出，减轻专利系统运行的财政负担。随着新技术的不断涌现和专利竞争的不断加剧，全球主要专利系统均面临申请量快速增长、审查积压增多、审查周期延长和审查质量下降的系统性风险和挑战。Bessen 和 Meurer 认为面临重重困境的专利系统由于授权了过多的低质量专利，已经由传统的研发补贴转向了研发收税，加重了创新负担。而 Caillaud 和 Duchêne 也认为专利系统出现了低质量"恶性循环"运行的现象，即专利竞争导致"数量化"竞赛模式下的专利申请倾向提高，带来专利申请量快速增长，快速增长的专利申请中低质量专利申请比例增大，而专利局审查资源有限，审结量低于申请量的增长，导致专利局面临更大的审查积压，专利局为去库存只能缩短审查周期或快速授权，由此出现审查质量的进一步下降，而审查质量的下降提高了"投机性"专利申请的成功概率，从而在"战略需求"驱动下激励出更多的低质量专利申请，这种低质量"恶性循环"运行的专利系统已经阻碍了创新。为了避免陷入低质量"恶性循环"的困境，全球主要专利系统除了加大审查资源的投入力度，还纷纷对专利系统进行改革，其中包括对专利费用的政策可用性的再认识和实践运用，试图通过费用政策的调整对专利申请人、专利权人和专利局的行为产生影响，从而在缓解专利审查积压方面发挥政策功效。

4.1　专利费用政策的经济效应

随着专利制度的发展，实施专利制度的国家越来越意识到专利费用政策运用的重要性，专利费用政策处于不断变化和发展中。就申请人或专利权人来说，专利费用贯穿整个专利申请、授权和维持的各个阶段。按时足额缴纳相关专利费用是专利申请人或专利权人启动相关程序、维持相关法律状态必须履行的法定义务。如果因期满未缴纳或未足额缴纳相关专利费用，可能会导致专利申请被视为撤回或专利权终止的法律后果，给专利申请人或专利权人带来损失。

从专利费用负担的公平性出发，专利费用按专利申请、授权和维持的程序分解成了很多项。这主要是因为一项专利申请从申请到授权需要经历很多程序，每项专利申请由于其具体情况不同，所经过的程序并不完全一样。例如，如果申请人在实质审查程序前发现自己的发明创造不具备新颖性或者不具备市场前景，可以申请撤回或放弃其专利申请，那么就不会进入实质审查程序。将专利费用按照不同程序划分成若干项，对于未涉及的程序或未发生的事项，申请人就不必缴纳该项的费用。但无论采取何种形式，不同的专利费用种类，其经济效应也不一样。具体来看，专利费用在专利制度的运行中主要具有两个方面的经济效应——补偿效应和杠杆效应。

4.1.1 专利费用的补偿效应

一项专利申请从受理到审查、授权，需要花费一定的人力、物力和财力。而负责审查、授权和管理专利申请所支出的费用都是为了使申请人获得并享有专利权，按照"谁受益、谁付费"的原则，专利费用应当由申请人或专利权人支付，而不应该由全体纳税人来负担。早期专利制度中要求专利申请人或专利权人缴纳专利费用的主要目的是补偿专利审查、授权和维持过程中专利主管部门的支出。随着专利制度的发展和专利申请量的增多，各国专利审查需要的花费也越来越高，专利费用的补偿效应随着各国专利局面临的审查和经济压力的增大得到了进一步的体现。

值得关注的是，一些国家将负责管理专利申请和授权的部门独立出来，使这些专利审查部门成为独立核算、自负盈亏的服务性机构。已有研究表明，从这些自负盈亏的专利审查机构随后对专利费用制度进行的一系列改革来看，其主导的专利费用政策改革更加倾向于将专利费用的收取视为补偿专利局的各项开支，专利费用政策在自负盈亏的专利审查机构主导下出现了越来越明显的部门利益导向性，这在一定程度上可能会弱化专利费用政策所应具备的激励和杠杆效用。

当然，不能简单地理解专利费用政策所具有的补偿效应。因为随着专利局的发展和壮大，尤其是一些国家的专利局变成自负盈亏的机构后，为了增加专利局的收入，对专利费用政策的改革就会出现过于强调专利费用对专利局运行的补偿效应的趋势。这种意识主导下的专利费用的调整可能会对专利制度的运行产生负面影响。如美国专利商标局所做出的改革，提高了专利申请费用，而降低了专利年费，改变了专利费用的结构，也因此受到了美国产业界的批评。然而，任何一项专利申请，都需要在提交申请后就缴纳高额的专利申请费用，但并不是所有的专利申请在授权后都缴纳专利年费并维持专利权。美国专利商标局提高了基数比较大的专利申请费用，降低了基数比较小的专利年费。这就意味着，其调整专利费用政策的目的之一可能在于增加自身的收入。

实际上，从补偿专利局运行成本的角度来看，相关的经济学研究文献已经发现，一项专利申请在专利局的处理过程中，成本开支主要体现在检索和审查阶段，专利申请的接收及授权后的阶段，其成本开支要明显小于检索和审查阶段。那么，从专利生命周期及维持专利局运转的资金需求的角度来考虑，一项专利申请处于专利生命周期的早期，即专利申请处于提交阶段时，支付的申请费用可能刚好补偿专利局为处理该项专利申请需要付出的成本。而当此项专利申请继续提出检索及实审请求时，专利局处理该项专利申请的大部分支出发生在此阶段，在此阶段向专利申请人收取的检索费和实审费实际上是无法补偿其实际支出的。经过审查后，如果该项专利申请被授权，专利局在该项专利获得授权后的维持阶段基本无须再直接耗费成本，但权利人需要为维持该项专利权的有效性缴纳年费，且大多数国家实行的年费政策是按阶梯递增的模式收取的，即专利权维持的年限越长，年费缴纳的标准越高。从以上的经济分析中我们不难发现，从维持专利局整体运转的成本补偿出发，专利局处理一项实审请求后，如果该专利申请在实审中因各种原因放弃或者被驳回，都会导致专利局出现净亏损，这就需要用专利年费的收取来弥补这部分亏损，实现专利局整体上的收支平衡。

早期的专利费用主要采取间接方式补偿专利局支出，即通过收取专利费用并上缴国库，再通过财政预算的方式拨款给专利局。间接补偿方式下的专利局在预算不足时会出现财务困境，为了在申请量和审查负担日益增长的背景下避免出现财务困境，部分主要专利局纷纷由财政预算转向自筹资金的模式，专利费用的补偿功能也由间接补偿转向直接补偿。但在直接补偿模式下，专利局也可能会由于专利申请量的增长带来的审查支出的增长，以及维持率的降低带来的费用收入的减少而出现财务困境。如美国专利商标局在完全实现自负盈亏后的连续几年均出现了一定程度的财务赤字问题，为了减少成本的同时增加收入，其先后在 2013 年和 2017 年两次调高申请费用的同时调低维持费用。可见，为了发挥专利费用的直接补偿功能，自筹资金类专利局除了可以通过缩减成本，还可以通过主动调整专利费用标准和结构的方式避免财务困境和保持财务的可持续性。那么，从专利费用结构来看，根据专利费用所处的不同阶段，专利费用可以分为授权前费用和授权后费用。授权前费用主要包括专利申请费、检索费和审查费，授权后费用主要指专利维持费。专利局的成本支出主要集中在授权前对专利申请的接收、分类、检索、审查和授权工作，而专利局在授权后的维持阶段无成本支出。但在维持阶段的专利费用往往高于授权前的费用，De Rassenfosse 和 Van Pottelsberghe 比较分析了 30 个国家的专利系统在授权前和授权后的专利费用结构后发现，虽然不同的专利系统采用了不同的费用结构，但总体可以分为前高后低、前低后高、前高后高和前低后低四种结构。即使是采取前高后低结构的专利系统（如美国），维持均值有效期收取的专利授权后费用仍然高于授权前费用。实际上，自筹资金的专利局为了补偿总体成本的支出，主要采取了后端费用的模式，即通过授权后的维持费弥补授权前的申请费不能覆盖审查成本支出的部分，从而实现财务支撑的可持续性。

通过对专利费用补偿效应的经济分析可知，为了充分补偿专利局在提供专利检索及审查过程中的成本支出，需要综合考虑多方面的因素。首先，应考虑专利申请量的多少，专利申请量的多少直接决定了请求专利局处理的数量，也就直接决定了专利局收取专利费用的规模。其次，专利检索及实审请求量也是其中重要的考量因素，专利局在检索和实审中耗费的成本最高，请求处理的量越多，专利局的整体成本就越高。再次，应考虑专利授权率及专利授权量，专利授权率及授权量的高低直接决定了专利局后续收取的年费规模，也决定了后续年费的收入总额是否能弥补专利检索和审查中净亏损的成本支出。也就是说，从充分发挥专利费用的经济补偿效应的角度来看，影响专利费用整体水平的主要因素包括专利申请量、专利检索和实审请求量、专利授权率及授权量。当然，最重要的还包括专利局处理专利申请的实际成本支出，高效的专利处理能力能大大减少专利局的实际支出。这也是当前各专利局大力推进电子化申请的重要原因，电子化申请和处理不仅能节约成本，而且能提高效率，减少积压，为申请人提供支付得起的专利体系。

由以上经济分析可以得出这样的结论：其一，不同的专利局申请量、检索和实审请求量、授权率与授权量，以及专利申请处理能力、效率及成本（又受到物价等多重复杂因素影响）不一样，导致专利费用的总体水平也不一样。其二，同一专利局在不同的时期，这些影响因素会发生变化，为了充分补偿专利局的支出，需要及时调整专利费用标准。

4.1.2 专利费用的杠杆效应

专利费用的杠杆效应，即通过专利费用的设置和收取，对专利申请人或专利权人的行为进行调节，以最大化地提高专利制度的运行绩效和实现社会福利的增长。专利费用所具有的杠杆效应的有效发挥，取决于能否通过有效的立法技术，在专利申请人或专利权人的利益与社会公共利益之间找到一个合理的平衡点。设置何种专利费用、确定何种费用标准，都可能对各利益方的行为产生影响。随着专利制度运行环境的变化越来越复杂，为了有效地发挥专利费用的杠杆效应，各国都在寻求最佳的专利费用政策。但专利费用杠杆效应发挥的临界值点，一直是困扰理论界和各专利局的难题。从经济分析的角度来看，专利费用的杠杆效应可以从两个方面来揭示，一个方面是在授权前对专利申请量的调节，另一个方面是在授权后对专利权维持比例的调节。

首先，专利费用的杠杆效应发生在专利申请时。在专利申请阶段，通过收取专利申请费来达到杠杆效应。一项发明创造完成后，发明创造的所有者为了保护其发明创造，可以将其作为技术秘密采取保密措施加以保护，也可以申请专利。采取何种方式来保护发明创造，应基于发明创造所有人从两种制度和技术本身的特点及市场竞争的角度来考量。由于申请专利需要负担一定数额的专利申请费用，这在某种程度上抑制了发明创造所有人申请专利的冲动，促使其在申请专利前合理评价其发明创造的价值和特点。如果没有设置专利申请费用，任何人只要做出其认为有价值的发明创造，无论其是否真正具有技术和市场价值，都可以不用花费成本就可提交专利申请，这势必会造成低价值专利申请量的增长，使专利局大量的审查资源花费在对无价值的专利申请的审查上，浪费公共资源。因此，专利申请费用的设置在专利申请前起到了这种杠杆效应，避免了一些无价值的发明创造随意提交专利申请，浪费审查资源。

其次，专利费用的杠杆效应发生在专利授权后。在专利授权后，通过收取专利年费来达到杠杆效应。各国的专利制度都要求专利权人在获得授权后，为了维持其专利权的效力，需要缴纳一定额度的专利维持费。由于此种费用按年计算，又称为专利年费。专利年费的负担方式和数额均对专利费用政策在授权后的杠杆效应产生影响。就专利年费的负担方式而言，主要有两种：一种是累进制年费，即随着维持年限的延长，年费的额度递增；另一种是固定制年费，即年费额度是不随维持年限而变化的固定值。大多数国家采用的是累进制年费。相较于固定制年费，累进制年费可能使专利权人放弃专利权的时间提前，专利垄断给社会带来的福利损失可能减小，而专利权人的收益却并没有减少，反而可能增加。就专利年费的标准而言，其会直接影响专利权人维持专利权的年限。如果专利年费的标准过低，可能会使专利权人过长地垄断专利技术，延长其进入公有领域为更多人使用的时间，从而不能有效地发挥专利技术的最大社会价值。同时，专利权人对一些已经没有技术价值和市场价值的发明创造过长地垄断，可能会阻碍他人在此基础上进行进一步创新，或阻碍他人有效地进行改进创新来创造更大的社会效益，从而导致社会福利的下降。如果专利年费标准过高，可能会使专利权人因无法负担高额的专利年费而不得不过早地选择放弃专利权，专利权人未能有效地获得预期回报，这在某种程度上可能会降低专利制度对发明创造所有人的吸引力，从而因专利制度使用率的下降而损害社会福利。因此，专利年费所具有的在授权后的杠杆效应，因其对社会福利影响较大而广受各国重视。各国在专利年费政策上所进行的持续性探索和改革，其目的在于寻求最佳的专利年费负担方式和标准，以有效地发挥此种杠杆效应，实现社会福利最大化。

可见，专利费用具有杠杆功能，研究结论普遍认为专利费用对数量的调节存在负的弹性关系，调高或调低专利费用会对专利申请量或专利维持比例产生减少或增加的调节作用。同时，专利费用在调节专利申请量和维持比例方面的弹性系数存在差异，维持费用的弹性系数普遍较高，这在一定程度上说明了专利权人对维持费用的调整更为敏感。另外，由于授权前费用对申请量的弹性系数较小，不同学者结合不同国家专利费用政策变化得来的专利申请量的弹性系数的绝对值均未超过1，因此要发挥专利费用对申请量的杠杆调节功能，往往需要大幅度提高或降低专利费用。

同时，专利费用的补偿效应与杠杆效应并不完全分离，在各种不同的专利费用种类上，体现了两种效应的发挥，这也导致了专利费用政策存在一定的结构效应。如专利申请阶段的费用标准，不仅影响专利局的收入，也会直接影响专利申请量的多少，以及专利申请质量的高低；专利审查费用的标准，同样也会影响专利局的收入，同时会直接影响请求专利局进行专利检索和审查的数量。而年费的收取，看上去专利局在该阶段没有成本支出，只具有调节专利技术何时进入公有领域的杠杆效应，但从专利费用的补偿效应的经济分析来看，它不仅具有明显的杠杆效应，也直接决定了专利局收入的规模，是专利局弥补检索和审查阶段成本支出的最重要来源，因此，年费也成为专利局最重要的收入来源之一。

以上专利费用的经济分析表明，专利费用的补偿效应和杠杆效应共同对专利制度的运行产生了影响，其制度设计的好坏直接影响了专利制度运行的绩效。因此，专利费用政策的设计和调整不仅需要考虑发挥专利费用的补偿效应，从整体上补偿专利局的成本支出，同时也需要考虑专利费用的杠杆效应，充分发挥专利费用在调节专利申请、提出专利实审、专利维持期限等方面的作用。更重要的是，为了兼顾两种不同经济效应的发挥，不仅需要从具体某一种类专利费用的目的考虑该专利费用项目的设置与标准，也需要从专利局、专利制度运行、与专利有关的权利人及公众利益平衡的角度来整体进行考量。专利费用政策所具有的复杂的经济效应，使得专利费用政策的设计和调整非常困难，如何在调整中平衡公平与效益、如何实现调整的科学性与有效性，同时又为专利制度的使用者提供一套负担得起的有用的系统，是一直困扰理论界和各专利局的难题。

4.2　专利费用政策的工具效应

在补偿效应和杠杆效应的作用下，不同的专利费用标准和结构产生的政策效应不同，不同的政策效应会影响专利系统的运行绩效，而专利费用标准和结构的政策选择又受到专利局类型和专利系统运行环境的影响。由此，有必要对专利费用功能影响政策效应的机理进行分析，从而为不同类型的专利局在专利系统运行的不同环境中避免专利费用政策的目标错位，确定社会最优的专利费用结构和标准提供理论支撑。实际上，专利费用政策的工具效应问题也是国外理论界近年来研究的热点问题之一，其原因在于全球专利系统目前面临的专利申请量增长带来的专利局负担越来越大，而专利质量变差受到产业界的批评也越来越多。有美国学者甚至认为，美国现行的专利系统，因为专利申请量和授权质量的问题引发的诉讼增多，公共资源耗费严重，以及专利丛林等问题，已经使得专利系统不仅没有促进创新，反而成为创新的阻碍。正因为如此，关于专利费用政策的工具效应问题，从经济学的角度开展相关研究的成果也比较多。

经济学家们对专利费用的经济学实证研究，最初起源于对专利申请量增长原因的研究。如美国学者早在 1999 年的研究中就指出，美国专利商标局的专利处理量增多，在一定程度上反映了"创新爆炸"促进了更多的申请活动。在后面几年其他学者的研究观点与此结论存在一定的细微差别，他们认为，不仅仅是创新增长，同时还存在另外的因素可以解释自 20 世纪 90 年代中期以来，在主要专利机构出现的专利申请膨胀的现象。第一，中国、巴西和印度等新兴国家逐步进入世界专利系统，这些国家加入了《与贸易有关的知识产权协定》（TRIPs）。即使这些国家对国际专利申请的贡献与发达国家相比还存在一定的差距，但这种趋势已经开始，在这种趋势的作用下，新兴国家在推动全球专利申请量增长方面的作用会越来越明显。第二，一些影响专利申请量增长的新的因素在发达经济体中涌现出来，如中小企业知识产权意识的提升，以及 1980 年美国《拜杜法案》的修改，提高了大学和科研机构专利活动的活跃度，从大学和科研机构产生的专利申请量越来越多。第三，新的研究领域的出现，比如超微技术和生物技术，打开了新的可申请专利的领域，这些新技术领域的专利申请量及专利活动呈现明显的增长趋势。第四，在所有的专利申请量增长的原因中，可能也是最重要的原因之一，就是创新者对新的专利战略的运用，使得专利申请的目的由传统的保护创新发展成市场竞争策略或手段的运用、商业谈判的筹码，抑或是限制竞争对手等。这种将专利申请的目的转移和发展，使得专利申请活动也呈现出越来越活跃的趋势。

实际上，由于专利费用的杠杆功能，专利费用政策对专利申请数量具有负的弹性关系，申请数量的调节是专利费用调整的直接政策结果。当大幅调低授权前的专利费用时，专利申请量会增多。增多的专利申请量带来的直接效应是专利局审查负担的加重。在专利局审查资源有限的情况下，审查负担加重会带来审查周期延长的风险。当专利审查周期延长时，会因为专利申请悬而未决状态的延长而降低专利的确定性。同时，专利审查的延迟也会减少专利权人利用专利权获取收益的时间。相关的研究表明，高质量研发对专利审查延迟带来的不确定性更为敏感，专利审查延迟会降低专利制度对高质量研发的激励。同时，当大幅调低授权前费用带来专利申请量的额外增长后，在专利局审查资源有限的情况下，专利审查积压会加重，为了减少积压，专利局更倾向于快速授权，从而出现更高的错误授权偏差。错误授权的低质量专利不仅会阻碍创新和竞争，也会带来专利许可成本的额外提高，尤其是非经营实体通过利用低质量专利的诉讼威胁收取额外的许可费，甚至由于低质量专利的风险而对创新者的商业合作产生负面影响，并因此减少投资机会。可见，授权前低费用模式下的直接政策效应是专利申请数量的增长和审查负担的加重，在审查资源有限的情况下，间接带来审查周期的延长和审查质量下降的风险，从而减损专利系统激励高质量研发的工具效应。

关于专利费用的经济学研究的背景，除了专利申请活动的繁荣，更重要的是经济学家们开始对专利申请目的及其给专利系统带来的影响展开了研究。这些研究最早是从 Cohen 等的一篇非常有影响力的论文开始的，这篇论文随后被很多学者在相关的经济学研究中反复引用，使得战略性专利活动越来越受到经济学家和管理学研究者的关注。实际上，现在越来越多的创新者，尤其是企业创新者，试图通过宽范围的机制来保护他们的市场，这种宽范围的保护机制主要依靠专利，这也使得专利活动具有了一些除保护创新外的其他用途。这些其他用途，主要是从防止竞争对手就相关发明申请专利（理论界称为专利阻击），到在标准化谈判中使用专利（也就是专利池的运用），再到防止诉讼和保持自身经营竞争活动的自由，甚至用于提升自己作为成功创新者的声誉，当然，也包括从专利活动中赚取许可费用。经济学家们围绕专利活动开展的研究，基本上都很好地支持了企业创新者依赖专利系统的倾向。这种对专利系统依赖倾向的增强，以及专利申请被策略性地应用的情况，不仅促进了现在专利申请量的激增，而且在一定程度上降低了专利申请的质量。例如，追求专利规模效应引发了专利洪水（patent flooding）问题，围绕着一个基础发明所做的细微的改动，会带来无数的专利申请，从而组成庞大的专利网。就一项技术形成的庞大的网状专利结构，不一定会促进创新，反而可能会将专利系统置于危险的境地。

经济学家们普遍认为，过度实施的专利战略导致专利系统出现了一些新的问题，而这些问题可能是专利政策的决策者还没有察觉到的或者没有找到应对方法的问题，甚至认为专利局在这些问题上的松懈是促成专利战略被过度利用的原因之一。有经济学家就认为，专利申请量的激增是伴随着专利局在可专利性及费用体制上的放松态度引起的。这一论断得到了另外两位美国经济学家在类似的实证研究中的认可，他们在研究了美国专利申请量爆炸式增长的原因后认为，美国专利系统面临的问题可以部分地归结于美国专利商标局的较低的审查标准以及不合适的专利费用政策，尤其是美国专利费用政策在某种程度上起到了推波助澜的作用：如果获得专利权变得更便宜，人们可能从逻辑上对专利有更高的需求。从理论上分析，创新者在进行专利申请决策时，如果申请专利获得的预期收益大于使用专利制度的成本，其会选择申请专利。申请专利的预期收益是授权可能性与专利保护的经济价值的乘积，发明的质量越高，获得专利授权的可能性越大，专利授权后获得的经济价值也就越高，而专利费用是获得专利权的主要成本。因此，存在一个理论上的质量阈值，其预期的收益等于成本，质量阈值越高，满足申请专利决策条件的创新成果就会越少。如果提高专利费用标准，实际上是提高质量阈值，相应的高质量阈值附近的边际申请也就越少。由此可见，专利费用在理论上具有提高专利申请质量的工具效应。

实际上，早期的相关研究中就假设专利费用会对专利申请质量产生影响，但并没有学者对这种假设进行验证。直到近年来，更多研究开始关注专利费用的政策可用性。Caillaud 和 Duchêne 最早开始研究专利申请费用对申请人行为产生的影响，他们认为在专利局资源紧张、审查制度尚不完善的背景下，高昂的专利申请费用使得企业将其作为申请专利时一种"自然选择"的考虑因素，以实现高研发的均衡。而 Picard 和 Van Pottelsberghe 进一步揭示了授权前专利费用影响专利申请人决策的过程，高费用会引发企业申请专利时的"自然选择"：低质量专利的申请人会因为成本太高、授权可能性较低而放弃申请专利；虽然提高专利费用也会提高高质量专利申请的成本，但申请人支付专利费用的意愿会随着所申请专利的创新价值的提高而提高，提高专利费用标准对高质量专利申请的影响较小。De Rassenfosse

和 Jaffe 更是通过研究美国 1982 年专利法修正案大幅提高专利申请费用前后美国专利质量的变化，从实证的角度验证了在专利申请费用大幅提高的情况下，在质量最低的 1/5 的专利中，被过滤的比例达到 24%～30%。由此可见，在杠杆功能作用下的授权前专利费用，不仅具有调节专利申请数量的工具效应，也具有调节专利申请质量的工具效应。也就是说，提高授权前专利费用标准不仅可以减小专利审查负担，也可以通过对边际专利申请的影响产生抑制低质量专利申请的效应，当减少的专利申请主要是低质量专利申请时，专利审查资源的配置效率会提升，有限的审查资源会更多地向高质量专利申请配置，从而提高专利系统的运行效率和运行质量。

需要注意的是，虽然授权前费用和授权后费用在杠杆功能作用下对专利申请数量、专利申请质量和专利维持比例具有政策调节效应，但这两种费用都具有补偿功能。在补偿功能的作用下，不同类型的专利局会采取不同的专利费用政策目标。一般来说，自筹资金类专利局的专利费用政策目标往往考虑更多的是专利局的收入与支出平衡的可持续性，当专利申请量增多带来更多的专利审查处理量和成本支出时，专利局不仅要考虑审查成本的节约，也会考虑通过专利费用结构的改变来增加专利局的收入。如美国近年来频繁改革专利费用结构，通过调高专利申请费的同时降低专利维持费，鼓励更多的专利维持来增加专利局持续性的收入。但 Michelangelo 认为美国专利系统中的这种授权后低费用模式不当地鼓励了低质量专利有效期的无谓延长，过低的维持费标准扭曲了社会最优的专利费用结构。与自筹资金类专利局不一样，财政预算类专利局的专利费用政策目标往往考虑在有限的预算范围内实现财政拨款与审查成本的平衡，当出现因预算不足引发的财务困境时，更多的是通过压缩审查成本的方式进行应对。可见，不同类型的专利局在专利系统运行的不同环境中的专利费用政策目标和政策选择偏好不同。自筹资金类专利局在专利申请量快速增长的运行环境中，更倾向于选择在"量出为入"的政策目标下进行专利费用结构调整；而财政预算类专利局在专利申请量快速增长的运行环境中，更倾向于选择在"量入为出"的政策目标下进行审查资源配置结构的调整。这两种政策目标都可能使专利费用政策偏离最优的结构和标准，因此，专利局类型和专利系统运行环境是专利费用政策选择及最优政策效应的制约因素。

已经有越来越多的经济学家试图从专利费用的角度解释其对专利申请量增长的影响，也就是从实证的角度验证专利费用是不是可以真的起到调节专利申请量的作用，更多的研究可能从理论上或经验上对此问题进行分析和判断。从经验判断和理论分析的角度来看，尤其是在目前专利局审查积压越来越多的背景下，专利费用的调整会对专利申请量的激增起到阻碍或促进的作用。如国内也有学者对此问题进行理论研究，通过运用福利经济学的常用模型，构建一个不考虑专利费用等专利成本的专利申请博弈模型。该模型的基础在于创新者进行专利申请决策时，为了实现其利益最大化，就专利申请带来的收益与采取商业秘密保护带来的收益进行比较，当专利申请带来的收益高于商业秘密保护带来的收益时，选择使用专利制度，提出专利申请。通过一系列的假设和模型构建，研究者得出了两者收益比较模型。在此模型的基础上，再构建一个考虑专利费用成本的专利申请决策模型，通过两个模型的结合，得出了一些有意思的结论。其中一个重要的结论就是，提高专利费用标准对价值小的创新成果申请专利具有排斥作用，而对价值高的创新成果申请专利没有影响。同时，降低专利费用标准，对价值小的创新成果申请专利的激励作用要比对价值大的创新成果申请专利的激励作用大，降低专利费用标准，会激励出更多的创新价值小的专利申请。但国内学者未对专利费用政策具有的这种调节专利申请行为的理论及其结论进行验证。

国外相关的从经济学角度进行的实证验证性研究成果也比较少，这反映出政策制定者对从这方面设计缺乏兴趣，或者认为专利费用在其中所起到的作用有限，但这种认识在经济学家的研究中被认为很可能是错误的。最早从实证的角度对此问题展开研究的是两位欧洲经济学家，他们通过对不同国家优先权要求费以及相应的专利申请量进行实证分析后得出结论，认为优先权要求费对专利申请量会产生负面影响，并测算出弹性系数为-0.5。从实证角度更深入验证的是另外两位经济学家在 2008 年所做的研究，该研究的主要目的是评估专利费用是否为影响三个主要专利机构（欧洲专利局、美国专利商标局和日本特许厅）专利申请的潜在因素。该研究对欧洲专利局、美国专利商标局和日本特许厅在 1980 年至 2007 年间所有专利费用的调整以及专利申请量变化的面板数据进行了实证分析。为了对面板数据做定量分析，将申请费和至授权的费用分为一组，这个独特的数据组清晰地显示，欧洲专利局自 20 世纪 90 年代中期以来专利费用下降幅度最大，无论是绝对时间段还是相对时间段，无论是申请费还是至授权的费用。美国专利商标局自 1995 年开始其绝对费用基本平稳，但在相对费用上有小幅下降。尽管如此，在 2007 年，欧洲专利局的费用仍然是美国专利商标局费用的 2~3 倍。这一研究成果同时对专利费用可能影响申请人的申请行为的经验性直觉进行检测。这是以评估专利需求的价格弹性的广泛性和重要性为目标，深入进行定量分析得出的。该研究分析了 25 年来三个专利机构的专利申请的面板数据，得出的实证分析结果显示专利倾向受专利费用影响的弹性系数为-0.4，这与前面两位经济学家进行的相关实证分析的结果基本一致。这一弹性系数表明，专利申请费对专利申请量的影响，与美国居民用电和天然气估算的弹性系数在相似范围内。这些结论证实了专利费用可以被视为影响专利倾向的一个因素，可以作为有效的政策杠杆。因此，两组经济学家同时提出，对目前全球主要专利局面临的越来越严重的审查积压危机，一个清晰的解决方案就是采取更加严厉的专利费用政策。

实际上，欧洲经济学家在专利费用政策方面的实证研究成果，也在一定程度上影响了后来欧洲专利局在专利费用上采取的政策措施。从现有的经济学家对专利费用是否具有政策工具效应的理论和实证研究成果来看，专利费用不仅从经验和理论上具有调节专利申请人或权利人行为的效应，也具有一定的政策工具效应。从经济学的角度对专利费用政策的效应进行分析，可以为我国专利费用政策改革提供一定的理论支撑。

4.3　专利局筹资类型对专利费用政策功能的影响

对于以自筹资金为主的专利局，更多的财政资源意味着可以更大范围地改进专利审查的设施，因而可以借助更好的专利审查设施提高专利授权的质量。但这也就意味着，必须授权更多的专利，才能通过收取更多的专利费用来改善财政状况。换句话说，对自筹资金的专利局来说，需要决定一项发明是否应该被授予专利权，可能会考虑因此带来的财政影响，即如果这种类型的专利局认为该发明不应该被授予专利权，专利局的收入就会因此而减少。这就出现了一个典型的利益冲突场景，很显然，这种激励更多授权的专利费用政策，导致这个场景是一个错误的激励场景。

实际上，对于这种专利局类型会影响专利费用政策功能的根源问题，需要从专利申请人的角度进行分析。随着专利申请数量的增加，专利制度的运作也受到越来越多的关注。专利数量的增长带来了专利膨胀，这种专利膨胀主要是以数量竞赛为主要特征，在专利数量的竞赛中，必然会出现越来越多的防御性专利申请。防御性专利申请的目的不在于保护创新，而在于防止竞争对手的攻击，或者取得经营上的自由。出于非保护目的专利申请行为，使得使用专利制度的目的与专利制度最初鼓励创新的初衷相违背了，变成了一种竞争的工具和手段。实际上，在专利制度发展的近几十年中，出现了越来越多的出于非保护目的的专利申请行为，加大了专利制度运行的负担，也使得该制度偏离了原来的目标，这也必然出现目前困扰各国专利系统的一个重大难题，即伴随专利数量增长的专利质量下降的困境。比如专利丛林的情况就是如此，在某一领域中存在过多相互交叉的专利，使得新的竞争者进入该领域的交易成本变得很高，即使该领域的存量竞争者，也面临研发和经营上更大的与专利相关的交易成本。同时，基于专利权的排他效应，每位专利权人都有权阻止其他竞争者生产、制造和销售与自己专利相关的产品，从而导致新竞争者无法进入该领域。实际上，这也会导致专利权人因专利许可可能带来的收入出现下降，在这种情况下，无论是专利权人、其他竞争者，甚至整个社会，都会出现利益受损，导致专利制度下的整个社会福利减损。因此，从专利制度促进社会公共利益的角度来讲，防御性专利是不应该被鼓励的。专利申请人申请防御性专利只是为了防止竞争对手向其发起专利诉讼，进而通过专利数量的累积以提升竞争优势，将专利制度作为一种战略性工具使用，这与专利制度激励创新的机制相违背了。实际上，专利制度运作失灵的根源在于专利膨胀，即专利局授权的专利太多了，专利膨胀导致专利数量竞赛的产生，策略性、防御性的专利申请其目标已经不是保护创新，而是避免侵权诉讼。大量专利的授权（专利丛林或者专利重叠现象）导致研发和商业活动都很容易侵权，竞争者要么绕过相关专利，要么获得许可。而绕过相关专利的研发成本更大，竞争者只能通过大量的专利申请来增加谈判的筹码。这个过程就演绎成专利数量的竞赛，而脱离了专利制度原来设定的目标——鼓励创新。而专利局在大量授权专利的过程中，出现了大量低质量专利，这更加扩大了专利丛林和专利竞赛的危害，导致专利制度激励失灵。

专利制度的核心目标应该是通过专利制度的运行，即通过使用专利制度，实现鼓励创新的功效。在不存在专利权是创新者应该享有的自然产权的理论共识的基础上，通过法律制度的方式实现利益分配以进一步实现激励创新的目标，应该是建立和实施专利制度的唯一目的。然而，随着专利制度发展环境的变化，专利制度的激励机制是否符合这一目标，专利费用政策的实施是否促使专利局成功实现了这一目标，其实是值得怀疑的。很长一段时间以来，专利局或者说专利制度运行的好坏，其衡量的标准只是授权的专利数量，即专利活动的多少和频度成为衡量某个国家或区域创新活动绩效的指标。即使是现在，授权的专利数量仍然是大多数进行此类研究的机构每年计算国家竞争力的一个重要的衡量因素，也是衡量专利局是否有效运行的一个指标。实际上，与专利数量相比，现在越来越多的学者或专利组织已经开始意识到，专利质量才应该是衡量创新绩效或专利制度运行绩效的指标。然而，当评价指标由数量转为质量时，包括专利费用政策在内的自筹资金类专利局的激励措施可能很难适应这种变化。

不难发现，大多数自筹资金类专利局要想获得更多的收入，就需要授权更多的专利。专利局唯一的目标应该是鼓励创新，而鼓励创新必须按照严格的标准来授权专利。如果受预算约束的专利局的目标是提高授权专利的数量，那么必然会牺牲质量。牺牲质量带来的后果是成本的转移，转移到授权后的许可、转让、无效、诉讼阶段，会转移成竞争对手、合作者和社会的成本。但是，自筹资金类专利局要想提高专利质量，就需要更多的财政支持，以招募更多的审查员和给予审查员更多的奖励，而这又要求专利局授权更多的专利以获得财政收入，这又会导致专利膨胀和专利质量的下降，从而陷入恶性循环中。实际上，目前的理论和实证研究已经证实，专利费用实际上可以被视为影响申请专利的一个因素，因此可以被政策制定者视为有效的政策杠杆。很显然，为了增加自筹资金类专利局的收入而采取的低申请费模式，可能会使战略性使用专利制度者能够以低成本提出专利申请，从而鼓励了更多的防御性专利的提交。

因此，为了避免激励出更多的无创新保护价值的防御性专利，自筹资金类专利局可以改变专利费用模式，大幅提高专利申请阶段的费用，以期引发理论上出现的"自然选择"，即低质量的专利申请因为担心成本太高而不再进入专利系统。从理论上说，这可能会出现专利费用水平越高，专利申请就越少，因此获权的专利就越少，从而提高有限的审查资源的利用效率，专利局犯错也会相应地减少，专利质量有所提高。同时，专利数量越少，发明的可及性就越高，而发明的可及性越高，创新就会越多，从而在专利制度和创新激励之间建立起一种良性的循环互动机制。但是，提高专利申请费也会带来一系列的负面影响，特别是对于经济实力较弱的创新者而言，他们因为无法承担高昂的专利申请成本而减少专利申请活动，这就使得他们在与财力雄厚的大企业之间的专利竞争中处于更加弱势的地位，专利活动的减少还可能导致其竞争力的下降和收入的减少。实际上，与提高专利申请费相对应的，可能是提高专利授权后的维持费用。这种维持费用相当于对已经授权的专利收取"持有税"，只要维持专利权有效，专利权人就需要每年缴纳维持费。提高维持费，不仅可以减少维持的专利数量，也可以增加专利局收入。但这可能会带来另外一个问题，即维持费用的提高，会大大增加拥有大量专利的大企业维持专利的成本，从而可能减损其使用专利制度保护创新的积极性。

值得探讨的是，为什么美国专利商标局会在调整了专利费用方案后预估随后的几年自身的运行成本会快速增长呢？除了考虑通货膨胀因素，是否还有其他因素？在总体费用调高的基础上，决定调高哪些费用，不调高哪些费用，是否有其他的因素会影响专利费用结构的决策？从美国专利商标局给出的理由来看，总体费用标准的调高主要是为了给美国专利商标局提供充足的资金资源，以促进美国知识产权制度作用的有效发挥，包括提高专利质量和效率，以及支持专利审查与上诉委员会的工作，从而提升专利运作的质量、效益和生产率，并加大改善美国专利商标局信息技术系统的力度。可见，美国专利商标局需要通过提高专利费用标准获得更多的资金来改进其运作系统。但调高专利费用标准，真的能使美国专利商标局的收入提高吗？另外，在自筹资金的运作模式下，美国专利商标局频繁调高专利费用标准，是否会给专利系统运行带来其他方面的损害，也是值得探讨的问题。例如，费用的调高必然会造成专利系统使用者成本的提高，尤其是对小微实体，继而造成专利系统本身的可用性降低。使美国专利商标局获得更多资金的目的本身与专利费用设置的初衷是相违背的，专利费用的功能不仅是弥补美国专利商标局的运作支出，更是一种平衡专利申请人、专利权人与社会公众之间利益的政策工具。如果让美国专利商标局成为自负盈亏的机构，且授予其完全自主的费用设置权限，可能会使美国专利商标局在追求部门收益最大化的动机下做出破坏专利系统运行的决策，从而使专利费用成为美国专利商标局的部门工具，而不是成为在公共利益最大化目标下改进专利系统运行的工具。由此，美国专利商标局于 2020 年大幅提高授权后费用对美国专利系统运行产生的实际效应，还有待观察。

另外，专利局的筹资模式通过费用机制也会对其授权的专利质量产生影响。目前，专利质量问题成了理论界和实务界共同关注的焦点问题，也是全球主要专利系统运行出现的最大困境。大量低质量专利被授权会增加诉讼成本，有损创新激励制度。全球主要专利局都十分认同提高专利质量的重要性，并致力于提高专利质量标准。近年来，更是有不少专利局在其制定的政策目标中将提高专利审查质量放在了提高专利审查效率的前面。

实际上，专利质量的潜在下降可能会引发许多息息相关的政策问题。首先，专利制度内涵之一是基本社会福利平衡（通过激励创新和信息公开，以平衡授予专利权所导致的静态和动态的垄断性扭曲），在不满足新颖性或非显而易见性的发明被授予专利权时，该平衡会出现问题。这些专利实则无效、不具实施性，这一点似乎可能限制了它们的危害程度，但对于一个专利而言，无论是申请阶段，还是审查阶段，还是授权后的阶段，都不能完全确定是有效还是无效，这种状态可能会造成无谓的损失，也扭曲了对研发活动的事先激励。这种事后纠正专利错误授权需要承担的社会和私人成本，使得专利制度的运行对研发的净补贴来源转变为净税收，反而阻碍了创新。其次，随着专利权变得更容易获得，边际发明的专利申请量增加，导致专利权出现了过度分散的现象，而专利权的分散也显著提高了获取和使用知识的成本，并最终可能造成研发投入降低。这种损失在知识累积过程中被加剧恶化，在技术复杂的产业中尤为突出。最后，专利质量的下降给专利局造成了必须进行自我强化的运作挑战（恶性循环理论，即专利质量下降导致专利申请人认为申请更容易通过专利局审查获得授权，从而激励出更多的低质量专利申请，更多的低质量专利申请进一步加剧了专利局的负担，专利局更容易在专利审查中犯错）。也就是说，边际申请有可能侥幸通过专利局的审查而成功获得授权的观念，会引发更多此类低质量边际申请；申请增多会使审查资源紧张，可能导致专利质量进一步或持续下降。

大多数针对专利质量问题的措施，例如更严格的审查机制，或为审查员在授权后复审决定之外提供其他选择，都需要增加用于维持质量的资源投入。但是，是否申请专利的决定、审查的资源成本和专利审查质量之间的相互作用表明，通过合适的费用制度来降低低质量专利的申请动机，可能会显著降低为达到所期望的专利质量水平所需的社会成本。进一步说，在理论上有理由认为专利费用的增加会由于申请成本的增加而显著阻碍低质量的专利申请。这就说明，专利制度的传统功能认为，通过激励更多的创新和公开最新的创新，以平衡因授予专利权人排他性权利带来的静态和动态的垄断性扭曲。而授权低质量专利（无效的专利或不符合专利性要求的专利），会破坏这种平衡，由研发补贴转向了研发税收，从而带来无谓的损失，使得专利制度对创新的事先激励功能失灵。而低质量专利的这种危害在累积创新方面和技术复杂的产业中会被扩大。现有研究已经开始关注专利费用在影响申请人行为，甚至抑制低质量专利申请方面的可能的作用。

如果专利费用是有效的，那么通过专利费用事先的抑制，相对于投入更多的审查资源发现错误申请或者授权后利用异议和无效来纠正错误授权，是最优的政策选择。创新者在进行专利申请的决策时，如果申请专利获得的预期收益大于成本，会选择申请专利。从前文提到的"提高专利费用标准，实际上是提高质量阈值"的理论出发，专利费用是可以提高专利申请质量的。可以考虑用这个思路建模，这里面还需要考虑专利审查的强度，因为授权可能性不仅受到发明质量的影响，也受到审查强度的影响，审查强度越高，授权的可能性越低，从而改变申请人对授权的预期。另外，还有一部分专利申请，具有较高私人价值，而社会价值或专利质量不高，这部分专利申请是无法通过提高专利费用抑制的，而通过加强审查可以过滤掉一部分这种高价低质的专利申请。但专利费用只占申请成本的一部分，申请费相对于预期经济回报很少，申请人受评估信息的约束，早期容易对专利的价值进行错误评估。各种专利费的累加实际上是专利申请不可忽视的申请成本，而专利费确实对大多数专利申请不起作用，但对边际专利申请的影响是比较大的。也就是对低质量专利申请才会产生这种抑制效应，而低质量专利申请减少了预期经济回报与申请费的差异（高市场价值的低质量专利申请除外），在价值评估时容易被发现。

需要注意的是，从最有利于自筹资金类专利局的专利费用政策的结构出发，由于专利申请费提高，无论是高质量的专利申请，还是低质量的专利申请，寻求专利保护的成本都会增加，那么，必然会在一定程度上削弱专利制度对创新的激励效应。一部分高质量发明可能放弃使用专利制度，而采取商业秘密的方式保护发明创造。从社会福利最大化的角度来看，专利机制要优于保密机制，因为专利的公开性和权利的公示性，尤其是在公开机制下对累积创新的后续发明的信息利用（促进累积研发的后续产出，在研发上发挥作用），以及权利公示机制下的创新的市场利用（扩大创新的市场利用率和市场利用规模后，实际上会增加消费者福利），都会有益于社会福利。那么，应该鼓励高质量发明使用专利制度，在这样的背景下，自筹资金类专利局在提高申请费后，考虑高质量发明维持的时间往往比较长，可以通过同时降低维持费的方式，尤其是降低前期维持费的方式，保持专利费用总体水平和专利局收入不变，从而降低因申请费提高导致的专利制度对创新激励减少的风险。

4.4 专利费用政策功能的综合分析

通过以上对专利费用政策的经济学分析，至少可以从以下几个方面为专利费用政策的制定者和改革者提供决策的理论支撑。

（1）专利费用具有补偿效应，而补偿效应以整体收支平衡为基础。前已述及，专利局处理专利申请事务需要耗费大量的人力和财力等公共资源，而收取专利费用是有效补偿专利局负担的一种方式。当前，各专利局普遍重视专利费用政策具有的这种效应，在对专利费用政策进行调整时，受物价水平或改进检索与审查效率等因素影响的专利局成本的支出水平变化，以及专利费用结构的变化引起的专利费用总额的变化等是专利局调整专利费用政策的重要依据。但同时，由于专利费用贯穿专利处理流程的各个环节，不同环节专利局支出的成本和专利费用目的不一样，费用标准也不同，充分发挥专利费用的补偿效应，需要在维持专利局整体收支平衡的基础上，考虑不同环节的专利费用目的，综合确定专利费用的标准和额度。

（2）专利费用具有杠杆效应，而杠杆效应与补偿效应是专利费用政策相互联系、不可分割的两种经济效应。前已述及，专利费用政策除了具有补偿专利局支出的补偿效应，还具有经济杠杆效应，而这种杠杆效应在专利费用政策发展的早期，因为专利申请量较少，专利申请目的单一，专利制度运行环境简单而表现得不明显。近年来随着专利申请量的迅猛增长及专利质量越来越被产业界重视，专利系统运行复杂程度的提高等变得越来越重要，也因此越来越受到全球主要专利局的重视。专利费用政策的经济杠杆效应，可以调节专利申请量、专利申请质量、专利检索和实审请求处理量、授权专利的维持期限等。当然，确立何种标准的专利费用，才能充分发挥不同专利费用种类所具有的经济杠杆效应，是困扰理论界和实务界的难题。现在，大多数专利局采用的通行做法是在考虑专利局总体成本核算的基础上，通过对政策实施后的杠杆效应进行评估，再对具体的专利费用标准进行调整。

（3）专利费用具有政策工具效应，政策制定者应根据政策环境的变化灵活运用。近年来，随着专利系统运行中出现的问题越来越多，一些专利局在调整专利费用政策时，开始有意识地运用这种政策的工具效应，也因此受到经济学家们的关注，成为国外理论界研究的热点问题之一。理论和实证的研究已经表明，专利费用作为政策工具的运用是有效的。当然，经济学家们在实证检验专利费用作为一种政策工具运用的有效性的同时也提出，为了充分发挥其政策工具效应，应建立一种可以与政策环境变化相适应的政策调整机制，过于僵硬的机制可能会阻碍政策效应的有效发挥。

专利费用政策对专利制度运行的作用机制

第5章 CHAPTER 5

专利费用是专利制度设计中的重要环节，其直接影响专利制度的运行功效。当前，各国普遍认识到专利费用的重要作用，使得专利费用制度的设计越来越复杂。专利费用制度的设计主要包括专利费用的结构和标准。一般来说，专利费用的结构包含专利授权前产生的专利申请费用、专利授权时产生的专利授权费用和专利授权后产生的专利维持费用。随着各国专利制度的趋同化越来越明显，各国在专利费用结构上存在的差异越来越小。但不同项目专利费用的额度在各国差异较大。各国在确定专利费用额度时，往往需要结合不同种类的专利费用项目所具有的功能，综合本国技术和经济发展实力以及专利制度及其实施的客观情况来确定。前已述及，近年来，不同的国家在专利费用的制度设计上采取了不同的态度，其根源也在于专利费用政策的好坏会直接影响专利制度的运行。

5.1　专利费用政策对专利制度运行可能产生的积极作用

专利制度在促进技术创新和经济发展中的作用已为历史所证明。但一国专利系统本身是复杂的，任何一个环节的不当都可能会对专利制度的功能产生负面影响。同时，专利制度的运行建立在市场机制的基础上，不完善的专利技术市场环境也会影响专利制度正常功能的发挥。当专利制度不足以充分激励技术创新和促进技术发展时，既可能是因为专利制度本身需要变革，从而提供最有效的制度供给，也可能是由于专利制度赖以存在和发挥作用的市场出现的缺陷，影响了专利制度的作用效果。由此，当专利制度完全依赖市场运行存在局限时，政府应通过广泛地对与专利相关的政策予以适度干预，以弥补专利制度的不足。这里的专利政策，狭义而言，即政府制定和实施的对专利制度的运行产生影响的各类政策和措施。专利制度和专利政策的不同在于，专利政策具有更强的灵活性，可对专利制度的运行进行微观的调整。应该说，在专利制度之外，专利政策在各国的广泛存在有其客观必然性。因为专利制度本身具有复杂性、稳定性和可预期性要求的特点，所以专利制度的变革较为漫长而烦琐。如一国对专利法的修订需要几年的时间，这就使得专利制度对其运行的环境变化反应相对迟缓。另外，市场环境处于变化中，而市场的变化又以自身的规律发挥作用，并不以专利制度所追求的社会福利最大化作为其变化的逻辑起点。由此，市场本身不仅不能自发地进行调节以克服制度缺陷，甚至有时会对制度改革提出新的要求。从理论上讲，当反应缓慢的专利制度与时刻变化的市场环境不相适应时，需要通过反应快速而又灵活多变的专利政策来对专利制度的运行进行微调，使专利制度发挥最大功效。

专利费用政策就是政府采取的众多专利政策中的一种。在一国经济科技发展的不同时期，采用不同的专利费用种类及标准，反映了该国结合本国具体情况采取的不同态度，也体现了专利政策的灵活性。

5.1.1　对专利制度的激励功能产生补充效应

专利制度的主要功能之一是通过法定方式赋予专利申请者对技术实施的垄断性权利，达到激励技术产出的目的。需要认识到的是，专利制度的产权激励功能并非产权赋予就能实现，它依赖于实现产权的市场。也就是说，专利申请人将发明创造申请专利保护的最终目的并不是获取法律上的垄断权，而是一旦专利申请被授权后，能通过排他性地实施、转让或许可他人实施这些受法律保护的专利技术，带来比非法律保护状态下更多的经济利益。当专利权人实施专利技术产生的预期收益等于或少于该技术未受专利权保护时产生的预期收益时，专利申请人可能不会选择申请专利。也就是说，影响发明创造所有人是否申请专利的关键因素，并不是获取权利本身，而是获取权利以后能实现的经济价值。当专利权所能带来的经济价值不具有足够的诱惑力时，获取权利对专利申请人也就变得没有意义。由此可见，当专利制度存在缺陷或市场环境还不完善，产权不能有效地转换成市场份额或优势时，专利制度的潜在使用者可能会产生规避专利制度的偏好，不愿意将发明创造申请专利保护。当专利制度的吸引力下降时，会减损专利制度的产权激励功能，也会使得专利制度对专利申请人提出专利申请、公开技术方案的激励不足。可以说，造成专利制度激励不足的主要原因之一是专利申请者获利预期的减少。

一项专利技术能产生的预期收益受到成本因素的影响，当成本越高，在固定的专利收益率下，专利技术带来的经济收益就会越少。在专利技术从产生到最后实现其市场价值的过程中，除了研发成本，主要包括获取和维持专利权的成本、专利权的保护成本和专利技术交易成本。一般来说，由于研发成本的不确定性和受环境影响的有限性的原因，在讨论专利制度功效时，可以假定其不变。其他三个方面的费用支出对制度和环境的依赖度比较高。

对专利制度激励不足的缺陷，专利制度和市场环境的自我调节速度较慢，并不能在短时间内自发而有效地克服这种缺陷。这种状况就在客观上产生了一种政府干预的需求，即需要政府利用专利政策的灵活性和快捷性对制度和市场失灵的现象予以一定程度的调节。

5.1.2　对专利产出结构的调整产生杠杆效应

从经济学的角度来看，专利制度所保护的对象是典型的公共产品。为了最大化地促进发明创造的产出和运用，即最大化地发挥公共产品的正外部性效应，专利制度具有了产权赋予功能，赋予专利权人在一定时间内排他性地拥有该项发明创造的产权。那么，从广义上来讲，专利制度作为政府公共政策的重要组成部分，是一项以改进社会福利为目标的社会政策工具，这一观点已经为多数学者所支持。专利制度所包含的一系列制度细节的制定，也必然以实现社会福利最大化为基础，这样，我们才能从更深层次的利益平衡角度来理解专利制度的各项具体规则。例如，专利制度使专利权人垄断了技术的实施，提高了其他非专利权人实施这些技术的成本，但正是这种垄断性权利的赋予，使得社会公众有了更多的激励因素去改进发明，在一种良性的技术竞争秩序下产出更多、更先进的发明创造。所以，我们说专利制度的每个具体规则都试图在社会公共利益与个体私人利益间寻求一个合理的临界点，在不损害个体私人利益的情况下实现社会公共利益最大化。通常情况下，由于专利制度本身的复杂性和专利制度运行环境的不断变化，我们会发现专利制度的实施并不像设计者当初预想的那样能极大化地促进社会福利的增长。究其原因，在于以社会福利最大化为目标的专利制度的使用者并非社会公共利益的捍卫者，其运用专利制度的真正目的在于实现个体私人利益的最大化。专利申请人是在个体私人利益的驱动下使用专利制度的，个体私人利益的盲目性和短视性决定了作为市场主体的专利申请人使用专利制度时不能顾及社会公共利益的整体协调。

专利产出的结构是衡量专利制度运行绩效的一项重要指标。当专利产出的结构出现失衡时，说明专利制度在运行过程中出现了缺陷，专利制度未能实现社会福利最大化。造成专利产出的结构性失衡的原因比较复杂，专利制度运行过程中出现的个体私人利益与社会公共利益之间的冲突是其中原因之一。专利制度运行中出现的这种结构性缺陷是专利制度本身所不能克服的。因为专利制度的设计中并没有赋予这样的强制性规范，即在专利制度中限定哪些人、在哪些领域、向哪些国家或地区、申请何种专利的内容。专利制度的使用者基于自主的意识和实现个体私人利益最大化的诉求，选择是否申请专利或如何申请专利，是专利制度赖以存在和发挥作用的市场机制的内在要求。由此，当以市场机制为基础的专利制度不能通过自身的调节来克服这种缺陷时，客观上产生了一种政府干预的需求，即需要政府利用专利政策的导向性对制度的运行进行引导和调节，以克服专利产出的结构性失衡。

作为一项专利政策，优化专利产出结构是专利费用政策的宗旨之一。政府可以通过增加或减少费用的手段对个体使用专利制度的行为进行必要的引导和干预，使受个体私人利益驱动的专利申请人的行为符合社会公共利益的需求。我国专利费用政策正是通过费用种类的设置、费用额度的调整、费用减免对象及额度的优化等手段和方式，有所偏重地降低我国专利产出结构中较为薄弱的环节的获权成本，将专利申请人使用专利制度的个体行为向符合社会利益需求的方向加以引导。因此，利用公共财政的这种导向性功能，我国的专利费用政策可以在一定程度上起到调整和优化专利产出结构的杠杆效应。

5.2　专利费用政策对专利制度运行可能产生的消极作用

根据前面的分析，完全依赖市场机制运行的专利制度会导致激励不足和专利产出失衡的结构性缺陷，而这种不足和缺陷完全依赖专利制度自身的调整和市场本身的调节无法及时、有效地克服，因此需要政府主导下的专利政策的干预。但政府政策的实施对市场主体的行为产生的影响是双重的，不当的政策可能会使市场主体的行为减损社会福利。就专利费用政策而言，在注重发挥其正面的补偿激励功能和结构优化导向功能时，也不能忽略其可能给专利制度运行带来的负面效应。不当的专利费用政策，如对专利制度的潜在使用者的行为干预不当或过度，都有可能破坏专利制度应有功能的发挥。因此，在制定和实施专利费用政策时应把握政策对专利申请人或专利权人的适度干预，注重费用政策产生的积极效应的同时，避免其可能产生的消极效应。

5.2.1 对专利申请产生泡沫效应

专利产出中的"泡沫"是指申请或获得授权的专利中存在的不具备创新性的技术。此种不具备创新性的专利技术又叫作"垃圾专利"。任何一个国家的专利产出都含有一定的"泡沫"。如美国专利商标局改革为自负盈亏的机构以来，为了完成当年的盈利预算，非常重视成本节约，通过控制专利审查员的人数和提高专利审查员的单位专利审查量来提高其运营的财政绩效。在专利申请量不断攀升的情况下，这种做法直接导致专利质量下降，美国专利商标局也因其授权的美国专利中出现了大量"泡沫"而广受批评。但需要注意的是，囿于专利审查资源的限制，在判断一项专利申请是否应该被授予专利权时，无法穷尽所有的现有技术，因此，在授权的专利中出现"泡沫"属于不可避免的现象。另外，有"泡沫"不一定会产生泡沫效应。在专利领域，所谓泡沫效应，是指以专利申请量或授权量的超常规增长为表象，出现了数量上的虚假繁荣，其直接结果是诱发不合理预期下的非理性专利申请投资。理性的专利申请量和授权量的增长以技术研发能力的提高、技术发展的预测和市场需求的分析为基础，但泡沫效应影响下的专利申请量和授权量的增长背离了技术研发能力和市场需求的增长水平，以数量增长为申请目的，产生了大量非理性的专利申请。

专利领域的泡沫效应产生的根源在于专利申请带来的利益被过分关注和夸大。当专利申请量在一个国家短时间内出现非理性的高速增长时，可能会给专利申请人或潜在的专利申请人造成一种错觉，即专利申请量越多越好。当这种错觉逐渐发展为一种意识时，很多专利申请人或潜在的专利申请人在做出专利申请决策时，可能会为了申请专利而去申请专利。此时，我们说，专利申请在泡沫效应的影响下出现了非理性的投资。而这种非理性投资主导下的大多数专利申请，不一定是有价值的专利申请。反映到专利的实践中，为了追逐专利数量的增长，会不可避免地出现大量的不当专利申请行为，如用公知技术申请专利、抄袭他人专利技术、利用他人的技术抢先申请专利、重复申请专利等。泡沫效应带来的不当专利申请行为与因专利审查资源的限制而不可避免出现的专利"泡沫"存在很大的区别。泡沫效应带来的不当专利申请行为在实务中又被称为"专利申请欺诈行为"。由于专利申请人在申请专利的过程中，违反了诚实和善良义务，不如实披露专利背景技术的相关信息，以骗取专利授权，其本质上违背了专利制度的规定和宗旨。另外，泡沫效应下产生的不当专利申请行为，不仅违背了专利法的要求，也造成了社会技术创新以及专利申请、审查和保护资源的浪费，由此对技术进步和社会福利的增长也产生了负面影响。

专利制度与市场经济、科技进步之间存在着天然的内在联系。随着经济全球化的发展，专利权带给企业的竞争优势日益彰显，专利申请行为也从起初的以政府推动为主，逐步朝着受到创新内力推动的企业自主行为为主的方向发展。但完全市场竞争模式终究仅是一个理想的模型，种种外界因素的存在使得帕累托最优只能存在于理论的推演中。也就是说，资源分配与利用的最优情况只会发生在理想的假设情况下，现实市场中的理性个体总会出于自身利益的考量，在不同的背景环境和外界因素的诱导下实施自利的行为。在专利制度的背景下，有些专利申请人为了在日益激烈的市场竞争中取得优势地位或谋取不正当利益，在实施专利申请行为时可能会违背诚实信用原则。

这种泡沫化的专利申请首先是因为专利申请人存在投机心理。发明人为了获得被公众认可的排他性权利，需要向专利局提交专利申请。由于不同发明主体在专利申请文件撰写能力方面存在差异、专利代理人本身水平有限，加上对专利法理解不到位、故意隐瞒技术秘密等原因，导致整个说明书公开不充分、明显不具有实用性等情况发生，最终不符合法定可专利性要求而不能获得专利授权。其中就存在一部分不重视专利申请文件的内容而希望侥幸获得专利授权的申请人，他们对专利申请文件内容的重视程度较低，通过对现有技术文件简单的拼凑、对发明点进行惯用手段的替换后就实施专利申请行为。有些申请人还有可能为增加其申请获得授权的机会而编造一些信息或技术效果，这样的专利申请就更加违背了专利制度的设立宗旨。

其次，这种泡沫化的专利申请是因为专利申请人存在异化的逐利心理。法律不禁止个体的逐利行为，但当行为超出了法律规定的范围、破坏了法律维持的秩序时，行为就应当被约束。逐利心理的异化，既来自申请人本身对竞争优势的追求，也来自异化且有失妥当的政策激励。申请人自身会主动追求利益，身处市场竞争关系中的申请人出于谋求不正当利益的考量，也会选择申请专利。战略性申请过程中会产生专利申请失信行为：为了给竞争对手错误的信息，以便为自己在竞争中创造有利的条件，而提交明知不能取得专利权的专利申请；为了向外界表现出积极创新的形象，将某些不具备专利性的甚至不属于专利法保护范围的发明创造申请专利；将不是自己的发明创造申请专利等。这些专利申请行为往往只是为了保护自身的专利战略，不追求专利申请的质量，常常因不满足法定可专利性要求而不能获得专利授权。为了获得竞争优势或在他人身上谋求不正当利益的申请人，往往会将一些不应当获得专利授权的发明创造申请专利，专利申请的内容包括已经在国内外公开的现有技术或成为技术标准的专利、本领域技术人员知晓的公知常识或可以获知的技术方案等。部分申请人还会将他人正在研发或准备申请专利、作为技术秘密进行保护的发明创造抢先申请专利。此类专利申请失信行为人的主观方面存在明显的欺骗故意性。有些专利代理机构为了追求自己的指标，在不同客户之间利用自己的职业优势，将不同的信息进行处理，编造专利进行申请的行为，对整个专利代理行业的秩序造成了破坏。

另外，专利申请中出现的泡沫化效应也与制度因素有关，违反诚信原则行为的产生，离不开制度本身的缺陷。正如任何人为的工作都会不可避免地出现失误，任何人为制定的制度也会存在不可避免的缺点和漏洞。专利制度本身的审查缺陷以及相应法律规范的缺位，也在一定程度上导致了不正当专利申请行为的产生。专利制度存在固有缺陷，专利申请的有效性推定和专利审查过程的不完美性，为不正当专利申请行为留下了寻利空间。世界上大多数国家的专利制度均认可有效性推定，即任何提交到专利局的申请文件都被默认为符合法定可专利性标准。除非审查员发现其不具有法定可专利性，否则审查员就应当对专利申请做出授权决定。结合许多学者提及的专利局的"理性无知"、专利审查资源的限制、现有技术的范围过于广泛且难以被检索到等专利制度的固有缺陷，均在一定程度上限制了审查员的审查能力，从而造成了不完美的审查过程。美国的学者评估了审查员对一件申请文件的审查时间，往往只有不到 20 个小时，在这样短的时间内，很难对一份专利申请进行非常彻底的审查。并非所有被驳回的专利申请都是不具有可专利性的，也并非所有获得了授权的专利申请都是满足可专利性的。不完美的审查过程，为部分谋求不正当利益的申请人留下了余地。不确定性促使了申请人的策略性申请行为，影响了专利申请文件的质量和专利质量。怀有不正当目的的专利申请失信行为人借用专利制度中的漏洞为自己谋求私利，也是造成专利申请失信行为产生的原因。专利审查流程的保密性为不正当专利申请行为提供了便利。在申请文件未得到最终授权或被驳回之前，保密的审查流程固然保证了专利申请的秘密性以及专利申请人的利益，但从另一个角度来说，这也严格限制了审查员的审查能力，可能被申请人不正当利用。

从社会公共利益的角度出发，与专利权保护理念背道而驰的错误授权行为会削弱发明人的发明积极性。当专利制度对发明人予以回报的承诺无法兑现时，未来的发明人从专利制度中获得的预期回报会变少，他们会减少对专利制度希望鼓励的研究和开发的投资。由不正当专利申请行为对社会总体福利、社会资源造成的损失更是难以计算。法律责任和救济方式的缺失，将专利审查制度的固有弊端放大，催生了不正当专利申请行为，给专利制度造成了负面影响。由此可见，专利产出中的失信行为造成了专利产出中的泡沫化现象，这与相关的法律制定和政策缺失存在关联性。

5.2.2　对专利制度的功能产生扭曲效应

专利制度的功能在于保护、公开发明创造，推动发明创造的应用，促进科学技术的进步和经济的发展。前已述及，专利制度功效的发挥以市场机制为基础。专利制度增进社会福利的逻辑在于，在专利申请人公开其发明创造的条件下赋予其一定时期内的技术垄断权，专利权人因对技术的垄断而在市场上获取了有别于竞争对手的竞争优势，并将其转化为经济利润。其他竞争者为了打破专利权人的技术垄断障碍并超越对手，需要开发出更加先进的技术。可见，专利申请人申请专利是为了保护和获取市场竞争优势，专利权人维持专利是为了实现和保有市场竞争优势，竞争者开发新技术并申请专利是为了形成新的市场竞争优势。正是以竞争性的市场环境为基础，专利制度促进社会公众在技术领域的竞相开发和应用，从而达到了增进社会福利的功效。从推动技术进步和经济发展两个方面来看，专利制度会出现缺陷，市场机制也可能会失灵。不当的专利费用政策可能会因获利空间的存在而破坏专利制度建立起来的市场和技术竞争秩序，对专利制度的功能产生扭曲效应。

5.3　不当专利费用政策引发专利制度的滥用风险

专利制度的滥用不同于专利权的滥用，前者主要是指专利申请人利用专利制度的缺陷，将现有技术或设计申请专利保护，从而损害社会福利的行为；而专利权滥用则是指权利人行使的权利超越了权利的范围或者违反了专利法以及竞争法的强制规定。对垃圾专利的界定，不同的学者有不同的观点，未形成一致的概念。本书中的垃圾专利是指申请的专利或被授予专利权的专利是无创新内容的现有技术或设计。专利申请人有意识地利用专利制度的缺陷，将无创新内容的现有技术或设计提交专利申请，其结果必然带来垃圾专利的产生。

　　垃圾专利的存在有损社会福利，主要表现在以下几个方面：①"权利人"将垃圾专利许可给他人使用，从被许可人那里取得使用费，增加了被许可人的产品成本，被许可人将为垃圾专利支付的使用费转嫁到产品中来，最终损害购买该产品的消费者的利益。②由于"权利人"手中的垃圾专利，其竞争对手可能会为了避免侵权而选择放弃相关的研究和开发活动，从而在某种程度上抑制了技术创新活动。③如果没有专利权的保护，竞争对手本来可以直接使用该技术，由于垃圾专利的存在，竞争对手不得不避开该专利而进行周边的设计活动，使得技术的利用效率降低，从而产生了极大的浪费。④如果垃圾专利的"权利人"以该受保护的技术去融资并获得投资，造成了垃圾专利对资源的不当占用，减少了用于开发那些有价值的发明创造的资源。⑤垃圾专利的存在，可能会使得市场上没有可替代的产品来与其竞争，这样就会产生垄断价格，从而扭曲竞争和损害消费者利益。⑥对垃圾专利申请的受理和审查会浪费大量的审查资源，由于高昂的诉讼成本，对垃圾专利的法律诉讼也会带来司法资源和相关诉讼当事人的资源的消耗。垃圾专利的这些危害违背了专利制度促进创新和经济发展的宗旨，损害了专利制度的功效，应在制度设计和实施、政策选择和决策时加以防范。

应该说，任何一个国家受理的专利申请和授权的专利中都存在一定的垃圾专利，尽管不少国家在不断地采取措施避免这种垃圾专利的产生。这主要是缘于垃圾专利产生的原因是多方面的，综合起来，主要包括以下几个方面的原因。

（1）专利制度的缺陷可能产生垃圾专利。首先缘于专利制度无法对专利权的范围确定一个明确的界限，专利权不同于有形财产权的重要特征在于其无形性，这种不是基于物的自然占有而是由法律赋予的一种对物的支配性权利，是由立法者人为界定的一个无形的利益边界。这种人为的制度设计中，介入了人的主观因素，界定过程中涉及多次意识形态以及表达形式的转化，使得权利边界的精确限定变得非常困难。专利制度的此种缺陷造成授权专利的确定标准有时变得模糊，导致可能对本身不具备创新性的技术授予了专利权。

（2）专利审查的局限性可能产生垃圾专利。专利审查员对专利申请进行审查的过程，就是人为地确定其是否满足专利法所要求的新颖性、创造性和实用性条件。除了书面表述的客观标准，专利审查员的知识结构和积累、工作意识和态度、审查能力和经验等都决定了其能否客观判断一项专利申请是否满足这些要求。专利审查过程中审查员的这种主观判断给专利授权带来了不确定性。另外，除了审查员主观上的局限，在专利审查过程中，对现有技术的检索无法穷尽所有的现有技术，也是专利审查的局限性给专利授权带来不确定性的原因之一。同时，专利申请量的急速增长，以及不断涌现的新兴技术领域和高新技术，使得专利审查的压力和难度进一步加大，专利审查中对垃圾专利授权的机会越来越多。虽然各国都在努力改造本国的专利审查系统，希望提高专利审查效率的同时，提高授权专利的稳定性，但仍有垃圾专利出现。

实际上，随着专利竞争环境的改变，提交垃圾专利的倾向也受到多种因素的影响，既有企业层面的因素，也有行业层面的因素。企业的专利倾向直接决定着专利申请的数量和质量，受多重因素推动的专利倾向使得专利申请的影响因素出现复杂化趋势。从当前全球专利发展态势来看，由于专利倾向正在加强，专利申请量在全球出现了持续性增长的趋势，而专利申请量增长加剧了专利局的审查积压。Moore 和 Eugenio 通过实证研究发现，当前在欧洲专利局、美国专利商标局和日本特许厅均出现了专利申请量持续增长导致专利审查积压越来越严重的问题。审查积压实际上是指专利局未处理的待审专利申请，待审专利申请越多，意味着每件专利申请在专利局的排队等待时间会越长。因此，从专利申请人的角度来看，受专利倾向影响的专利审查行为的显著变化是审查时滞变长了。同时，专利倾向更趋复杂化，不仅影响了专利申请数量，造成审查积压和审查时滞变长，而且在复杂的专利倾向的影响下，专利申请质量也受到了影响。专利申请质量即提交专利申请的技术创新成果从形式和实质两个方面满足法律规定的标准。从专利审查的实质目的来看，就是为了保证专利制度的良性运行，发挥专利制度激励和扩散技术创新成果的功能，通过程序性和实质性审查来发现并拒绝（驳回）低质量的专利申请，而对高质量的专利申请进行授权。而实际上，由于审查员能力和现有技术检索的限制，在专利审查过程中无法完全克服审查员的主观性，也无法穷尽所有的现有技术。因此，专利局在审查实践中无法杜绝所有的错误，也就是 Paul 和 Elizabeth 的研究表明的专利审查中存在"合理无知"。但如果高质量的专利申请占比较高，不仅会节约审查员的审查时间，而且会降低其犯错的概率。因此，受专利倾向影响的专利申请质量的变化带来了专利审查行为的另一个变化，即当专利倾向加强时，受企业竞争战略或者行业竞争需求的影响，企业会策略性地提出不符合专利性要求的专利申请，降低专利申请质量，延长专利审查时滞。

由以上分析可知，由于专利倾向的作用，专利申请数量和质量发生了变化。随之带来的审查积压延长了专利审查时滞，而在专利申请量持续增长的背后，并不都是技术进步的结果，受专利倾向影响的专利泡沫效应造成专利申请质量下降，也就是垃圾专利申请越来越多，由此影响了专利审查时滞和专利审查质量。值得注意的是，专利审查的实质在于发现专利申请中的错误，拒绝低质量申请和授权高质量申请。但在审查过程中，由于专利局与专利申请人、市场其他研发竞争者之间处于信息不对称的状态，专利局的审查行为是专利申请人和其他研发竞争者无法观察到的，因此，学者们将专利审查过程视作在"黑匣子"里操作的过程，这导致专利申请人和研发竞争者在专利局未审结之前无法准确地预测一件专利申请的审查结果。Nicolas 运用生存分析的方法对美国的专利数据进行研究，意外地发现专利审查时滞越长，专利申请越不可能被授权，即使最终被授权，维持率也较低。这种现象可以解释为专利审查时滞越长的专利申请，越是被审查员怀疑的专利申请。因此，过长的专利审查时滞并不会带来确定性结果，反而会因为专利申请处于悬而未决的状态过长而降低市场对研发成果获得专利权的可预期性。

同时，申请专利的技术何时在市场上进行产业化实施对专利审查结果有较强的依赖性，专利申请人倾向于选择在该专利申请获得授权时作为专利技术产业化实施的最佳时机。在审查员不犯错的条件下，因为审查时滞过长带来的不确定性，申请人不得不延迟实施处于悬而未决状态的正确专利申请。由此可见，专利审查时滞不仅会影响专利申请获得授权的可预见性，而且会影响专利申请人实施该专利申请技术的时机，不利于专利申请人获得利润和竞争优势。创新成果的价值越高，越需要尽快获得授权，从而获得高的预期和市场机会。因此，专利授权时滞对价值高的创新成果的影响要大于对价值低的创新成果的影响，高价值创新成果对专利审查时滞更敏感。也就是说，如果专利审查时滞过长，高价值的创新成果拥有者更倾向于放弃使用专利制度，而采取商业秘密的方式保护其创新成果，其专利倾向降低。

另外，前已述及，专利审查质量可以用审查员犯错的概率来表示，包括错误地授权低质量专利申请和错误地拒绝高质量专利申请两种错误类型。当专利局错误地授权低质量专利申请的概率较高时，专利审查行为实际上鼓励了低质量专利申请的提交，会增强低质量专利申请的专利倾向；当专利局错误地拒绝高质量专利申请的概率较高时，专利申请行为实际上抑制了高质量专利申请的提交，会降低高质量专利申请的专利倾向。同时，在专利审查体系内部，审查质量和审查时滞之间存在相互影响的关系，即专利局出现排队等待现象和审查能力一定时，审查员要提高审查质量就需要花费更多的时间进行充分的专利检索和分析，而为了缩短审查时滞，可能会增加审查员犯错的概率，从而降低专利审查质量。从专利审查质量与审查时滞之间的相互影响关系来看，审查质量也可以通过审查时滞间接作用于专利倾向，当专利审查质量较高时，在排队等待的专利申请量和专利局审查能力一定时，专利审查时滞延长，高质量创新成果的专利倾向降低；反之，当专利审查质量较低时，在排队等待的专利申请量和专利局审查能力一定时，专利审查时滞缩短，高质量创新成果的专利倾向提高。可见，专利审查与低质量专利申请，尤其是垃圾专利申请之间，存在相互影响的关系。高强度的专利审查会带来高质量的专利申请，降低专利系统中垃圾专利申请的比例，但高强度的专利审查意味着长时间的专利审查延迟，也会带来专利系统绩效的降低。因此，通过专利审查系统的改进提高系统对低质量专利申请，尤其是垃圾专利申请的抑制效应，需要在专利审查的强度和延迟之间建立平衡，这种平衡关系可能在不同的国家、不同的发展阶段，对专利制度的需求不同的情况下，平衡点的选择存在差异。

（3）恶性的专利竞赛可能产生垃圾专利。随着专利制度在各国的推行和发展，市场主体围绕专利布局开展的专利竞赛也在加剧。在专利竞赛中，相互竞争的市场主体竞相申请专利，将专利权作为一种工具在其竞争策略中加以运用。为了在专利竞赛中取得更多的数量上的优势，常常将还不成熟的技术或者本身无价值的技术申请专利。如惠普公司的一位专利代理人曾说过，"我们取得专利并不是为了保护我们自己的产品，而是因为它给予我们在其他人也想加入的领域中享有排他权。我们假定我们的竞争者正在所有的不同领域中申请专利，我们可不想成为最后一名而遭封锁。"同时，在专利竞赛中为了防御他人专利，大量申请外围专利已经成为很多企业运用的一种策略。如美国联邦贸易委员会在一份报告中指出，在美国的微处理器领域，1 万多个专利权人手中握有 9 万多件专利，这些专利相互交叠、互相妨碍，从而营造出"专利灌丛"（patent thicket），而"专利灌丛"中的有些专利就是不具备创新、毫无价值的垃圾专利。处于专利竞赛中的市场主体在申请专利时常常只讲数量、不讲质量，专利申请人基于这种观念下的专利申请行为违背了专利制度创设的宗旨，难免会使其提交的专利申请或被授权的专利中存在垃圾专利。

（4）专利政策的漏洞可能产生垃圾专利。目前，各国普遍采用专利政策来调整和优化专利制度的运行绩效。这些专利政策非常广泛，不仅包括资助和引导专利技术研发的政策，也包括激励和调整专利申请的政策，鼓励和促进专利技术应用的政策等。政府所采取的各种专利政策在专利制度运行的各个环节发生作用，其宗旨在于实现专利制度运行绩效的最大化。但正如前述，专利政策的实施也是一把双刃剑，存在漏洞的专利政策可能会被市场主体不当地利用来满足个体私人利益，从而背离了其预先设定的公共利益目标，反而对专利制度运行绩效产生负面影响。任何一个环节实施的专利政策，如果能为政策的实施对象带来额外的利用价值，而取得这些价值需要以专利申请或授权为前提的话，就存在滋生垃圾专利的诱因和可能。

需要注意的是，基于专利申请与专利审查的互动传导机制对技术创新既可能产生阻碍效应，也可能产生促进效应，利用专利审查政策的优化防止垃圾专利的提交，需要厘清在专利产出周期中不同阶段之间的这种传导效应。实际上，专利政策中存在的这种传导机制是由若干循环闭路构成的，其中的哪一个环节改变，都可能会影响技术创新和专利申请质量的效应，也可能会引发垃圾专利申请。以专利倾向和专利审查之间的互动机制为例，首先，从专利倾向的角度来看，专利倾向并不直接影响技术创新效应，而是通过作用于专利审查行为，进而影响技术创新效应，同时对低质量专利和垃圾专利的申请产生影响。其次，从专利审查质量的角度来看，专利审查质量是直接影响技术创新效应的环节，如果专利审查质量低，当错误地拒绝高质量专利申请的概率较高时，会使得本属于私人占有的技术被公共利用，降低专利制度排他权的效用和减损其对技术创新投入的激励，阻碍技术创新；当错误地授权低质量专利申请的概率较高时，会使得本属于公共利用的技术被私人不当占有，提高研发成本和降低排他权的效用，也同样会减损其对技术创新投入的激励，阻碍技术创新。最后，专利倾向是专利审查费用和专利审查时滞作用于技术创新效应的中间环节。如专利审查费用对技术创新效应的影响通过专利倾向发挥作用，当专利审查费用较高时，高质量专利申请的专利倾向不受影响，会抑制低质量专利申请的专利倾向，使得专利申请的平均质量提高。在这种情况下，高质量专利申请在专利局的排队等待时间也会减少，专利局的审查资源更多地配置到高质量专利申请上，缩短了高质量专利申请的审查时滞，降低了专利局的犯错率，从而提高了审查效益。当审查效益提高时，不仅会因为高质量专利申请的审查时滞缩短和高质量专利申请被拒绝的概率降低而激励更多的高质量专利申请，而且会提高专利申请的可预期性及利润实现度，更好地发挥专利制度激励技术创新及高质量专利申请的效应。反之，当专利审查费用较低时，在不影响高质量专利申请的专利倾向时增加低质量专利申请的专利倾向，专利申请总量增加，而增加的专利申请主要是低质量专利申请，即垃圾专利申请，导致专利申请的平均质量降低。在专利局审查能力一定，并随机地平均分配审查资源的条件下，高质量的专利申请在专利局的排队等待时间会因为专利审查积压的加重而延长。如果专利局为了减少审查积压而缩短专利申请的审查时滞，又会使得专利局的犯错率提高，对低质量专利申请错误地授权或者对高质量专利申请错误地拒绝。由以上分析可知，无论是高质量专利申请的专利审查时滞延长，还是错误率提高，专利局的审查效益都会降低，从而阻碍技术创新和激励低质量专利申请与垃圾专利申请的提交。

由此可见，在利用专利审查政策优化对专利申请质量的治理方面，需要注意到专利倾向与专利审查行为之间的互动机制，这两者之间并不是单独地影响技术创新效应和垃圾专利申请，而是在专利倾向与专利审查行为之间的互动机制中，由若干相互影响的循环传导的回路对技术创新和垃圾专利申请产生影响。同时，在技术创新体系下，专利倾向与专利审查行为的互动机制又受到技术创新的制约，这种制约主要来自受技术创新效应影响的技术创新产出，其是专利申请的源头，也是垃圾专利申请的源头，专利申请的数量和质量都受到专利倾向的影响，而专利申请同时又是专利审查的来源，由此在专利倾向、专利审查行为和技术创新之间形成了相互影响的循环回路。但需要注意的是，从系统动力学的角度来看，该循环回路并不是闭环状态，而是受到外部政策等环境因素影响的开环状态。具体而言，专利倾向与专利审查行为之间形成相互影响的循环回路关系。在专利倾向作用下的专利申请数量和质量是专利审查行为的直接对象，改变提交垃圾专利申请的专利倾向，必然会引起专利审查行为的相应变化；专利审查行为对提交垃圾专利申请的专利倾向产生反作用，在不同的专利审查费用、质量和时滞作用下，不同质量的专利申请表现出强弱不同的专利倾向。提交垃圾专利申请的专利倾向通过作用于专利审查行为对技术创新效应产生影响。专利倾向并不直接对技术创新效应产生作用，而是通过直接作用于专利审查行为，间接对技术创新产生影响。高质量专利申请的专利倾向强而低质量专利申请的专利倾向弱，则专利申请平均质量高，高质量专利申请的审查时滞短，犯错率降低，产生促进技术创新的效应。专利审查行为对技术创新效应产生的影响受垃圾专利申请倾向的制约。专利审查行为并不是孤立地影响技术创新效应，而是受到垃圾专利申请倾向影响下的专利申请数量和质量的制约。如果作为垃圾专利申请的低质量专利申请的专利倾向强而符合专利性要求的高质量专利申请的专利倾向弱，在专利审查能力一定的情况下，专利申请平均质量低，会导致高质量专利申请的审查时滞延迟和犯错率提高，从而抑制技术创新效应。由此可见，由于垃圾专利申请倾向与专利审查行为之间存在相互影响的互动关系，这种互动关系又相互传导着影响技术创新效应，因此，改善这种互动关系及其对技术创新效应的影响，需要从改变专利审查行为及其影响下的不同质量专利申请倾向入手，从而从源头上控制专利申请数量和质量，尤其是降低低质量垃圾专利的申请倾向。实际上也就是说，可以通过优化专利审查政策，尤其是改变专利审查的某一个环节，进而影响不同质量的专利申请倾向，达到激励更多高质量专利申请、抑制更多低质量专利申请，尤其是抑制垃圾专利申请，来改进这种互动关系及其对技术创新效应的影响。

5.4　本章小结

本章之前的分析已经表明，专利费用的功能表现在两个方面，即弥补专利局的支出和调整专利申请及专利权维持时间的功能。从之前对专利费用的功能分析来看，专利费用不仅关系到国家财政收入，而且对专利申请人或专利权人的行为产生影响。本章从专利费用的功能分析出发，重点探讨了政府实施的专利费用政策可能对专利制度的运行产生的影响。基于本章的分析，可以用图 5-1 所示的模型表示政府实施的专利费用政策是如何与专利制度之间建立联系，并对专利制度运行产生影响的机理。

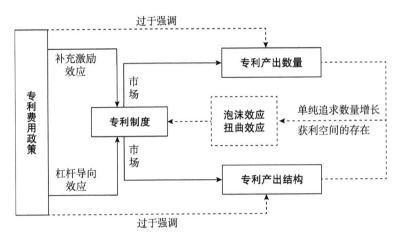

图5-1 专利费用政策对专利制度运行的效应模型

图5-1所示模型中的实线箭头表示了政府实施的专利费用政策对专利制度产生积极效应的关系。首先是政府实施的专利费用政策通过补充激励效应作用于专利制度，而这种作用对专利制度的市场运用产生了影响，补充激励效应作用下的专利制度激励了专利产出数量，即带来了专利申请量的增加。其次是政府实施的专利费用政策通过杠杆导向效应作用于专利制度，而这种作用对专利制度的市场运用也产生了影响，杠杆导向效应作用下的专利制度调整了专利产出结构，即带来了专利申请结构的优化。

图5-1所示模型中的虚线箭头表示了政府实施专利费用政策对专利制度产生消极效应的关系。政府实施的专利费用政策过于强调专利产出数量或者过于强调专利产出结构，都会在政策目标单纯追求专利申请数量增长的作用下，使政策存在获利空间。获利空间的

存在带来了专利费用政策对专利制度的危害，不当的专利费用政策的实施很容易通过泡沫效应和扭曲效应作用于专利制度，减损专利制度的功效。

在此基础上，本章随后就政府实施专利费用政策对专利制度可能产生的危害做了进一步分析。分析认为，不当的专利费用政策可能会引发专利申请人滥用专利制度，而垃圾专利是专利申请人滥用专利制度的结果。导致专利申请人滥用专利制度而申请垃圾专利的原因有很多，除了专利制度本身的缺陷可能会导致不当授权、专利审查的局限性可能会导致错误授权、恶性专利竞赛可能会导致故意申请，专利政策的不当实施也是垃圾专利产生的诱因之一。

专利费用政策对技术创新的作用机制

从经济学的角度来看，市场主体的某些经济活动具有外部性，也称溢出效应，即一个经济主体的行为对另一个经济主体的福利所产生的效应，而这种效应并没有通过货币和市场交易反映出来。经济学中将经济活动的外部性分为正外部性和负外部性。正外部性是指一种经济活动给其外部造成积极影响，引起他人效用增加或成本减少。负外部性是指经济人的行为对外界具有一定的侵害性或损伤，引起他人效用降低或成本增加。因为市场机制的基本功能是使交易双方的个人福利最大化，而不顾及社会福利，当存在外部性时，基于个人利益最大化决定的市场均衡并没有使整个社会的总收益最大化，此时的市场均衡是无效率的。因此，无论是正外部性还是负外部性，都会导致市场失灵，造成社会资源配置的低效率，增加社会成本。因此，针对经济发展过程中不可避免出现的外部性问题，需要政府通过一定的市场干预手段，充分发挥正外部性、克服负外部性，力求使外部性得到内部化，从而增加整个社会的福利。因此，外部性的存在使得某些经济活动所引起的私人利益和社会利益、私人成本和社会成本不一致。通常情况下，政府实施的各种财政政策都带有一定的激励功能，即通过财政的手段，使接受财政支持的市场主体积极实施具有正外部性效应的经济活动，从而增加社会福利。这里，与政府实施的任何一项公共财政政策一样，政府实施专利费用政策，其目的也在于促进市场主体的经济活动产生的正外部性效应。

但是，不同的公共财政政策针对的市场主体的经济活动不一样，因而其对社会福利的作用机理和产生的效果也就不同。与一般的公共财政政策所针对的经济活动不一样的是，政府实施的专利费用政策以履行专利手续过程中需要缴纳的专利费用的种类设置、标准确定等为手段，针对的经济活动是市场主体的专利申请行为。而市场主体的专利申请行为不仅仅是一项经济活动，也属于法律行为范畴，它是专利申请人基于自己的意思运用专利制度的行为。而专利制度本身也属于激励性的法律制度，通过赋予市场主体一定期限的专利权来促进技术创新的正外部性效应。在专利申请人自我意思的参与下，专利申请行为具有实现个人利益最大化的冲动。与技术创新直接产生社会福利不一样的是，由于专利申请行为掺杂了专利制度和个人利益最大化的因素，专利申请行为的外部性特征具有一定的不确定性。有时具有促进技术创新的正外部性，而就不具备创新内容的现有技术或设计提交不当的专利申请又表现出阻碍技术创新的负外部性，从而使得政府的专利费用政策对促进技术创新和社会福利增长的作用机制及其效果变得相对复杂。当我们分析不同的政府专利费用政策的经济学效用时，虽然以专利申请行为作为其直接分析对象，但需要结合不同情况下专利申请行为的外部性特征来分析其间接地对技术创新产生的影响。本章将从分析专利申请行为的外部性特征入手，探讨政府实施的专利费用政策对技术创新及社会福利的作用机制。

6.1 专利申请行为的外部性特征

在市场经济条件下，一种经济活动的边际社会收益（MSR）等于边际私人收益（MPR）与边际外部收益（MER）之和。同样，边际社会成本（MSC）等于边际私人成本（MPC）与边际外部成本（MEC）之和。按照经济学观点，社会福利最大化的条件是 $MSR = MSC$，如果一种经济活动能产生外部收益，而没有外部成本，那么 $MSR > MPR$，$MSC = MPC$。由 $MPR = MPC$，可知 $MSR > MSC$，表明该活动已超过市场力量所决定的数量而多生产了一些，带来了外部经济性。与此相反，如果一种经济活动产生外部成本，却无外在收益，那么 $MSC > MPC$，$MSR = MPR$。由 $MPR = MPC$，可知 $MSC > MSR$，表明增加该物品的生产形成社会的净收益已成为负值，即给社会带来了净成本。那么，我们在考量专利申请行为的外部性特征时，也主要看其 MSR 与 MSC 之间的大小关系。当 MSR 大于 MSC 时，说明专利申请行为具有外部经济性；而当 MSR 小于 MSC 时，说明专利申请行为可能会带来社会福利的损失。

而我们知道，市场主体的技术创新产生了新的知识，而技术知识一般被认为是具有非竞争性和非排他性特征的公共品。这种技术知识具有的公共品特征使技术创新具有溢出效应，市场主体无法独占创新所带来的全部利益。因此，技术创新具有的外部经济性特征能增加社会总福利。由此，我们分析专利申请行为的外部性特征，可以通过分析其对技术创新的作用来探讨其可能对社会总福利水平产生的影响。

6.1.1 专利申请行为的正外部性分析

由前所述，专利申请行为是市场主体运用专利制度的行为。因而，从经济学的角度来讲，专利申请行为不同于技术创新的特点在于，运用专利制度本身并不直接增加社会福利。但专利制度作为一种弥补市场对技术创新激励不足的产权激励制度，能促进技术创新的进步和经济的发展。专利制度促进技术创新的功能客观上要求市场主体更多地使用专利制度，也就是提交更多的高质量专利申请。从技术创新的角度来看，专利申请行为以专利制度为中介，对技术创新具有两个方面的正面作用，从而间接地增加社会福利。

第一，专利申请行为带来的技术扩散促进技术创新。专利申请人在提交专利申请时，必须就其申请专利的发明创造依照法律规定的格式进行表述，并在专利审查中或授权后公开。这些公开的专利信息带来了技术扩散的效应。相较于一般的技术信息，专利申请的先申请原则，使专利信息具有了较强的时效性；专利申请文件要求准确、完全地公开发明创造，使得专利信息具有了充实的内容；法律规定了专利申请文件的统一格式，使得专利信息方便检索和利用；专利申请涉及了所有的技术领域，使得专利信息数量巨大。这些有别于一般技术信息的优点使得专利申请行为带来的专利信息公开具有了更为高效的技术扩散效应。根据世界知识产权组织的统计，世界上90%~95%的发明创造都能在专利信息中找到，其中70%没有在其他文献中发表过。充分利用专利信息进行技术创新，可以节约40%的经费，缩短60%的时间。同时，利用这些专利信息进行技术创新，不仅能够在技术创新前提高技术创新的起点，进行科学合理的技术创新决策，避免技术创新中的重复研究，节约技术创新资源，而且能够在技术创新过程中，通过对专利信息的检索和利用，提高技术创新的速度。

第二，专利申请行为带来的技术竞争促进技术创新。专利申请行为是以获取专利权为目的的，而专利权是一种排他性的技术垄断权，专利权的获取在一定程度上意味着竞争优势的获取。因此，很多企业都密切关注竞争对手的专利申请情况，以及时调整和优化自己的技术创新策略。从这种意义上说，专利申请行为带来了创新主体之间的技术竞争，而技术竞争的加剧提高了技术创新的速度和效率。这里需要辨明的是，专利申请行为带来的技术竞争不同于专利竞赛。专利竞赛是由于技术创新竞争引起的以获取专利权及其占有量为主要目的的专利竞争和比赛。在专利竞赛中，专利申请行为只是达到目的的手段，这种手段有时存在被滥用的可能。在这里，专利申请行为成为促使竞争对手加快研发投入和速度的一种诱因，从而形成竞争者之间为了获取专利权而进行的技术竞争态势。

也就是说，由于专利申请行为对技术创新具有了正面作用，专利申请人的专利申请行为可能会引起他人进行技术创新的成本较少或者效用增加。因而，从这个意义上说，专利申请行为具有正外部性。但在外部性的影响下，当专利申请人的专利申请行为成本增加或者风险加大时，基于成本的考量，或者专利不能授权带来的技术秘密的披露风险，以及专利延迟授权带来的市场损失风险等，可能会引起市场的失灵，导致专利申请行为减少。

其一，专利申请行为的成本。申请专利，尤其是申请发明专利或外国专利，需要支出的成本主要是专利费用成本和时间成本。从专利费用的角度来说，不仅包括向专利局缴纳的费用，而且包括专利代理费、检索费和翻译费。在申请外国专利时，不仅向专利局缴纳的费用会比较多，而且更加高昂的是专利申请代理费用和翻译费用。从时间成本的角度来说，专利申请人在提交专利申请后，往往需要等待一段时间才能获得授权，尤其是发明专利申请，需要等待的时间可能会更长。一方面，在没有授权前，就同样的技术主题可能有多人提出专利申请，授权给哪个专利申请人还处于待定中；另一方面，在没有授权之前，法律并不为专利申请人提供完全的保护，即使在审查过程中他人实施了该专利申请技术，也只能等授权后才能获得完全的法律救济。从这种意义上来说，在专利申请的等待过程中，专利申请人实施该项专利申请技术是否侵犯他人的专利权、该项专利申请能否获得授权并就他人在申请阶段实施该技术给自己造成的损失获得赔偿也并不确定。因此，对大多数的专利申请人来说，等待授权的时间越长，其承受的风险或损失可能就越大。

其二，专利申请行为的风险。对专利申请人来说，向专利局提交按法律要求撰写的申请文件是其启动申请程序的要件之一。在专利申请的审查中或者授权后，这些详细、完整地描述了发明创造的申请文件需要向全社会公开。尤其是发明专利申请中的早期公开制度，当专利申请尚未授权时，就需要公开这些专利申请文件，可能会给专利申请人带来风险。专利申请是否能够获得授权，不仅有申请专利的发明创造本身是否符合专利性要件的问题，还受专利审查制度的局限性、专利检索和对比中的主观性、专利文件撰写的水平等因素的影响，专利申请能否获得授权带有一定的偶然性。当一件专利申请已经公开但未被授权时，这些公开的专利申请技术就成为公知技术，专利申请人也因此丧失了再采取保密措施加以保护的机会。另外，即使专利申请获得了授权，专利技术的公开和快速传播，使得侵权者获取这些信息并模仿的成本变低。尤其是当专利侵权救济成本较高时，专利权人常常对侵权行为一筹莫展。因此，对专利申请人来说，专利技术公开后不能授权，或者授权后面临被模仿而救济成本高，是专利申请行为的两大风险。

当市场主体面临较大的成本和较高的风险时，由于边际成本提高，市场主体的收益小于申请专利的成本，其采取专利申请行为的动机就会下降。此时，市场本身不会降低专利申请人面临的成本和风险，就会出现市场失灵现象，从长远来看，不利于充分发挥专利申请行为的正外部性。此时，政府可以选择通过激励性政策来鼓励专利申请行为，以激励专利制度的广泛应用而促进技术创新。

6.1.2　不当专利申请行为的负外部性分析

专利申请行为是市场主体自主地运用专利制度的行为，其不能直接产生社会福利。同时，建立在市场机制基础上的专利制度不能防范市场主体偏离专利制度设计的初衷来运用专利制度，可能会出现市场主体基于个人利益最大化的原则，就本身不具备创新内容的现有技术或设计提出不当的专利申请。不当的专利申请不仅不能产生社会福利，而且可能会减损社会福利，增加他人进行技术创新的成本或降低他人进行技术创新的效用，具有负外部性特征。

第一，不当专利申请行为提高了技术创新成本。专利申请人就不具备创新内容的技术提交专利申请，如果获得授权，会使已经处于公有领域的技术资源被不当地独占。他人要想使用这些技术资源，还须取得专利权人的许可和支付一定的费用，这就提高了他人实施公有技术或者利用公有技术进一步创新的成本。另外，他人为了担心侵权，可能需要绕开这些公有技术进行创新，或者因为担心侵权而放弃相关技术的研究开发活动，这些都在一定程度上提高了技术创新的成本，对技术创新起到了抑制效应。

第二，不当专利申请行为浪费了技术创新资源。就没有创新内容的技术提交不当的专利申请会因受理、审查和保护而浪费技术创新资源。这些技术创新资源的浪费不仅有专利审查资源的浪费，还包括司法资源在内的其他公共资源的浪费，如在针对因不当专利申请而产生的垃圾专利的无效宣告请求或者诉讼程序中浪费的司法资源等。

专利申请行为降低技术创新效率的负外部性是专利制度和市场本身不能自发地克服的，也就客观上产生了政府干预的需求。但不同于克服正外部性失灵所采取的激励政策，克服可能产生的负外部性效应，应通过提高市场主体实施具有负外部性特征的行为的成本，降低其可能获得的收益。具体到不当专利申请行为，政府可以通过限制性或惩罚性措施来提高市场主体实施不当专利申请行为的成本，从而降低其采取不当专利申请行为的动机。

由以上分析可知，政府实施的专利费用政策从专利申请行为具有的对技术创新的正面效应出发，在市场激励不足的情形下，通过降低专利申请人在专利申请过程中需要承担的资金成本，以此激励创新者或者潜在的专利申请人广泛使用专利制度，通过专利制度的使用以发挥其激励和公开创新的功能，再通过产生更多的创新成果和实现创新成果的扩散以促进技术创新。但由于专利申请行为具有的双重外部性特征，如果专利费用政策使用不当，也可能会引发不当专利申请行为，从而降低技术创新的效率。因此，有必要对政府实施的专利费用政策对技术创新的影响做进一步的分析。

6.1.3　专利审查政策对技术创新的作用机制

近年来，专利申请量在全球范围内的持续增长也带来了专利授权量的增长。由于申请和维持专利需要支付的成本也在与日俱增，因此，授权专利的质量和价值越来越成为公众、产业界和学界关注的热点问题。而关于专利质量的质疑越来越指向专利审查质量，不少学者就将专利质量界定为专利审查的质量，认为专利质量下降的根源在于专利局对专利申请的审查质量控制得不严格，授权了很多低质量专利。如 Burke 和 Reitzig 认为专利局应该发挥两个作用：第一，专利局必须按照专利性标准（新颖性、创造性和实用性）授权那些满足条件的发明；第二，专利局必须始终按照统一标准审查，以保证审查结果的一致性。在此基础上，Burke 和 Reitzig 将专利审查质量界定为"专利局依照专利授权的技术质量标准对专利做出的一致性分类"。他们还对欧洲专利局的授权和异议决定的一致性情况进行实证研究，以判断欧洲专利局的审查质量。欧洲商业团体代表 Combeau 也认为专利质量应定义为对专利局有用，并涵盖专利审查的整个过程。他提出优质专利必须满足有关说明书（和附图）、权利要求和时间期限的审查条件。实际上，从专利审查的过程来看，专利局的主要功能在于通过检索现有技术，将专利申请技术与现有技术进行比较，对符合专利性标准的专利申请做出授权决定，对不符合专利性标准的专利申请做出拒绝授权的决定。那么在这个过程中，专利局的审查员可能会因为检索不足、缺乏技术比较经验或者其他原因犯错。实践中，专利审查员犯错的种类主要包括两类：一是对不符合专利性标准的专利申请做出了错误的授权决定；二是对符合专利性标准的专利申请做出了错误的拒绝授权决定。因此，可以用专利审查员的犯错率来评价专利审查质量。由于专利局审查人员和审查资源的有限性与现有技术检索的难度，专利局无法在处理大量专利申请的同时对每件专利申请穷尽所有的现有技术。另外，授权的专利大多数没有被使用，或者仅仅为了非争议的目的被使用，因而，专利局对专利申请的审查质量存在客观上的"合理忽略"。但作为促进技术创新的支撑体系，专利局犯错的比例如果较高，过多的不符合专利性标准的专利申请被授权或者符合专利性标准的专利申请被拒绝授予专利权，必然会对技术创新带来负面的影响。Jaffe 和 Lerner 就认为，当前美国专利商标局因为审查不严授权了过多的低质量甚至是劣质专利，导致专利系统没有成为创新的润滑剂，反而越来越成为阻碍创新的沙子。

如果专利审查质量较高，正确地促进技术产出和公开研发成果，从而促进技术扩散，拒绝低质量专利申请和授权高质量专利申请，专利体系的激励研发的功效能得到有效发挥。而当专利审查质量较低，即专利局的错误率较高时，会阻碍技术创新。低质量的专利审查阻碍技术创新的机理主要表现在四个方面：其一，抑制研发投入。由于大多数实行专利制度的国家要求在专利申请提交后未审结前"早期公开"，当高质量专利申请被错误拒绝时，会给专利申请人带来技术被公开而得不到法律保护的风险，其研发成果可能会被其他竞争者模仿，这使得专利体系通过排他权的授予来激励研发投入的功效失灵，抑制研发努力和投入。其二，研发竞争者的投入决策在一定程度上依赖于研发获利的多少，当低质量专利申请被错误地授权时，不当排他权的授予为市场竞争设置了障碍，会抑制研发投入的决策。正如 Palangkaraya 等的研究所表明的，专利系统错误地授权低质量专利申请的行为鼓励了专利申请人的反竞争动机，给那些希望利用专利阻碍其他竞争者研发投入决策作为战略来提升利润的企业留下了寻租的空间，而专利局在不知情的情况下为这些企业的寻租行为提供了帮助。其三，授权低质量专利申请也会增加研发成本。当低质量专利申请被不当授权时，由于低质量专利也享有同等效力的排他权，专利权人利用这些不当授权的专利向其他研发竞争者提起侵权诉讼，或者其他研发竞争者为避免侵权而提出无效宣告请求，都会造成其他竞争者研发成本的增加，同时，也会因此浪费专利审查和司法诉讼资源。Quillen和Webster的研究表明，不严格的专利审查导致了美国授权的专利大幅增加，大幅增加的专利带来了大量的专利诉讼，而利用低质量专利提起的不适当的诉讼活动直接增加了其他竞争者的研发成本。其四，授权低质量专利申请也会降低竞争预期。由于错误授权的低质量专利申请并不符合专利性标准，可能会在授权后的争议中被宣告无效，错误授权的低质量专利具有较强的不稳定性，因而给市场带来了竞争的不可预期性。实际上，专利系统应为研发竞争者提供一套可以识别的激励系统，并最大限度地减少对研发的阻碍，而因专利审查不严格导致授权的低质量专利不能为创新投资者提供可预期性，破坏了专利系统的可识别功能。

专利审查政策对技术创新的影响可以从专利审查周期来看。在专利局的审查能力一定的条件下，受理的专利申请量越多，专利申请在专利局等待和排队的时间就会越长。实际上，一件专利申请在专利局花费的时间主要是排队等待的时间，如Gallini的一项调查显示，美国专利商标局的审查员对每件专利申请投入的实际平均审查时间为18个小时，包括阅读申请文件、收集相关的技术信息以及与发明人和代理人交流，而每件专利申请从提交申请到获知审查结果的平均花费时间为3年左右，这18个小时的实际审查时间就分布在这3年内。因此，当前各主要专利局针对专利审查周期的改革主要集中在专利申请在专利局的排队等待和优先问题上。近年来，在全球专利申请量持续增长，申请专利的技术越来越复杂，以及专利申请人基于策略性运用专利系统的需要用越来越晦涩的语言在一件专利申请中撰写越来越多的权利要求等因素的影响下，专利审查周期变得越来越长。这主要是因为专利申请量的持续增长使得专利局的处理量增多，而技术复杂度的提高和撰写文件的策略性运用则使得专利审查难度加大，需要审查员与专利申请人或代理人之间进行更多的沟通。因此，专利审查周期越来越长的问题也正在成为产业界和学术界关注专利系统的焦点之一。人们开始担忧专利审查周期过长会危害到专利系统的运行和技术创新，各主要专利局也开始着手改革专利审查的等待排队系统，试图优化审查资源的配置，使有限的专利审查资源集中到最需要的专利申请上，为这些专利申请提供快捷的专利审查。

假定专利局在审查过程中没有犯错，那么，专利审查周期越短，专利系统越能快速对符合专利性标准的专利申请授权和清除低质量的专利申请，为市场提供及时的确定性和可预期性，使得专利系统激励技术创新产出和技术创新扩散的功能得到有效发挥，从而促进技术创新。而当专利审查周期越长时，专利系统越难有效地运行，可能阻碍技术创新。专利审查周期过长阻碍技术创新的机理主要表现在以下几个方面：其一，降低竞争预期。由于专利局与专利申请人、市场其他研发竞争者之间处于信息不对称的状态，专利局的审查行为是专利申请人和其他研发竞争者无法观察到的，因此，学者们将专利审查过程视作在"黑匣子"里操作的过程，这导致专利申请人和研发竞争者在专利局未审结之前无法准确地预测一件专利申请的审查结果。Amitra-jeet 和 Gregory 的研究发现，专利审查周期过长不仅会影响专利申请者对研发成果获得专利权的预期，而且会影响其他竞争者对专利权的预期，并在研究中指出专利申请者故意拖延专利审查周期的主要目的是降低研发竞争对手的可预期性，从而阻碍竞争者进入。其二，可能会延迟研发产业化。为了避免风险，专利申请人倾向于将申请专利的技术产业化的时机选择在该专利申请获得授权时，同时，其他竞争者倾向于将实施该技术的时机选择在该专利申请被驳回时。那么，申请专利的技术何时在市场上进行产业化实施对专利审查结果有较强的依赖性。在审查员不犯错的条件下，因为审查周期过长带来的不确定性，专利申请人不得不延迟实施处于悬而未决状态的正确专利申请（最终授权），而其他市场竞争者也不得不延迟实施处于悬而未决状态的错误专利申请（最终驳回）。因此，过长的专利审查周期使申请专利的研发成果产业化运用的时间受到了影响，研发产业化的时间会随着专利审查周期的延长而延长。由以上分析可知，过长的审查周期会影响竞争预期和获利周期。而获利的预期越高，获利周期越长，创新利润的实现程度越高，越会激励更多的创新投入。

专利审查费用也可能会对技术创新产生影响。专利审查费用是各国专利系统设计的重要环节之一，缴纳专利审查费用是专利申请人启动专利审查程序的必要条件。近年来，考虑专利审查费用的多重功能，各专利局开始改革本国的专利审查费用体系，如美国专利商标局和欧洲专利局近年来频繁地提高专利审查费用的额度。一般来说，专利审查费用的首要功能在于补偿专利局审查专利申请上的花费，如作为独立核算、自负盈亏的美国专利商标局在专利审查费用改革中就有通过调整专利审查费用结构和额度的方式增加专利局收入的倾向。当然，这种倾向受到了学者们的质疑，认为美国专利商标局目前的专利审查费用体系仅仅考虑了弥补专利局开支的功效，而忽略了其具有的调节功能，当前的专利审查费用体系正在不当地鼓励申请人对专利申请和专利审查请求进行滥用。如果专利审查费用较高，由于专利审查费用的调节功能，无论是高质量专利申请还是低质量专利申请，专利申请的成本都会增加。由于价值高的专利申请市场获利预期高，高价值研发成果的专利倾向对专利申请的成本并不敏感，而价值低的专利申请被拒绝的概率高，较高的申请成本会对低质量专利申请产生抑制效应。由于无法在审查前观测到专利申请的质量，专利局往往会随机地将审查资源平均分配到每件专利申请上。当专利审查费用和专利申请成本较高时，在不影响高质量专利申请的倾向时减少了低质量专利申请，专利申请总量减少了，而减少的专利申请主要是低质量专利申请，使得专利申请的平均质量有所提高。在这种情况下，高质量专利申请在专利局的排队等待时间也会减少，专利局的审查资源更多地配置到高质量专利申请上，减少了高质量专利申请的审查周期和专利局的犯错率，从而提高了审查效益。由前述对专利审查质量和审查周期与技术创新的影响机理的分析可知，提高专利审查效益会促进技术创新。如果专利审查费用较低，同样由于专利审查费用的调节功能，无论是高质量专利申请还是低质量专利申请，专利申请的成本都会减少。但由于高质量专利申请对专利审查费用和申请成本不敏感，较低的审查费用并不会激励出更多的高质量专利申请，而低质量专利申请对专利申请成本敏感，较低的审查费用会对低质量专利申请产生激励效应。当专利审查费用和专利申请成本较低时，在不影响高质量专利申请的倾向时增加了低质量专利申请量，专利申请总量增加了，而增加的专利申请主要是低质量专利申请，导致专利申请的平均质量有所下降。在专利局审查能力一定，并随机地平均分配审查资源的条件下，高质量的专利申请在专利局的排队等待时间会因为专利审查积压的加重而延长。如果专利局为了减少审查积压而缩短专利申请的审查周期，又会使得专利局的犯错率提高。可见，无论是高质量专利申请的专利审查周期延长，还是错误率提高，专利局的审查效益都会降低，从而阻碍技术创新。由以上分析可知，专利审查费用的高低看似并不会影响技术创新，但专利审查费用作为专利系统设计的杠杆，会对专利申请量和专利申请质量产生调节效应。

可见，专利审查行为对技术创新产生影响的机理主要包括三个方面，即审查质量、审查周期和审查费用。而实际上，在专利审查体系内部，审查质量和审查周期也存在相互影响的关系，即专利局出现排队等待现象和审查能力一定时，审查员要提高审查质量就需要更多的时间进行充分的专利性检索和分析，而为了缩短审查周期，可能会增加专利局犯错的概率，从而降低专利审查质量。但现有的研究表明，不同的专利局在处理专利审查质量和审查周期的平衡关系时，并没有固定的平衡点，只能通过制度的设计来优先处理最可能带来社会福利增加的专利申请。同时，专利审查对技术创新产生影响，而专利申请作为专利审查的对象是来源于技术创新的研发产出，因而，在专利审查和技术创新之间存在相互影响的循环回路。尽管现有的研究已经表明，由于专利倾向的作用，不是所有的研发产出都申请了专利，申请专利的也不一定都是有价值的研发成果。那么，在专利申请行为、专利审查行为和技术创新之间形成相互影响的循环回路，改变循环回路中的某一环节，会对其他环节产生直接或间接的影响。在专利局审查能力一定时，专利审查质量受专利申请的约束。专利局虽然对专利申请有"合理忽略"，但专利局错误授权或错误拒绝的概率较高时，低质量的专利审查会因为增加研发成本、降低竞争预期和抑制研发投入而最终阻碍技术创新。在专利局审查能力一定时，专利审查周期受专利申请的约束。过长的专利审查周期会降低竞争预期，延迟研发产业化时间和抑制研发投入，最终会阻碍技术创新。专利审查费用并不直接影响技术创新，但作为专利申请行为调节的杠杆，会通过直接影响专利倾向，对专利申请数量和质量产生影响，进而影响受专利申请约束的专利审查效益，间接对技术创新产生影响。较高的专利审查费用会抑制低质量专利申请，从而促进技术创新；较低的专利审查费用对低质量专利申请产生刺激作用，会阻碍技术创新。专利审查行为不仅影响技术创新，而且受到技术创新的约束，不同质量的研发产出会在专利倾向的作用下转变成专利审查的对象，即不同质量的专利申请行为。当专利审查行为不能有效发挥作用而阻碍技术创新时，会通过研发产出与专利倾向给专利审查系统带来更多低质量的专利申请，从而影响专利审查效益。同时，在专利审查系统内部，当专利局出现排队等待现象和审查能力一定时，专利审查质量与审查周期存在相互作用的关系。

本书对专利审查行为影响技术创新的机理分析也表明，改革处于循环系统中的专利审查系统时，需要考虑整个循环回路的各个环节，尤其是专利审查系统对技术创新产生的影响。

6.2　专利费用政策促进技术创新的作用机制

当某一种经济活动具有外部性时，可能会出现市场失灵。正如专利申请行为能够降低他人进行技术创新的成本或提高他人进行技术创新的效率一样，也可能会因为实施专利申请行为的成本过高或风险太大，使得专利申请人的边际私人收益小于边际私人成本，专利申请动力不足。此时，需要政府采取有效措施进行干预，纠正可能出现的市场失灵。

政府实施的专利费用政策主要使专利申请人在申请或者维持专利过程中的成本降低或者增加。以降低成本为目的的专利费用政策的初衷是鼓励专利申请、提高专利制度的利用率，其原因也正是在于专利制度具有激励私人技术创新资源投入的功能。当应用专利制度的市场环境不完善、专利制度存在缺陷时，专利申请人面临的风险加大、成本提高。此时，需要付费并公开发明创造的专利制度就不足以诱发私人资源投入技术创新，专利制度激励私人投入资源进行技术创新的功能就会受到损害。同时，仅靠市场激励，由于市场主体的趋利性和短视性，专利制度激励下的私人创新资源投入就不能有效地顾及社会整体的利益，常常会引发市场主体投入的盲目性。也就是说，市场机制存在缺陷，而建立在市场经济基础上的专利制度也会失灵。在市场失灵和制度失灵的情形下，政府应当承担弥补私人损失或者引导私人创新资源投入的职能。专利费用政策对技术创新的影响机制可以分为两个方面。

其一，政府实施的专利费用政策以专利申请行为为直接调控对象，其直接目的虽然在于调控专利申请行为，但其最终目的是促进技术创新，即在克服专利申请人面临的风险和成本的基础上发挥如前所述的专利申请行为提高社会技术创新效率的正面效应。其二，对专利申请人而言，可能面临专利制度的使用成本较高和市场环境不完善而阻碍其正常获利的风险，基于市场机制运行的专利制度在激励私人技术创新资源投入方面存在一定的失灵。此时，政府以专利申请或者维持过程中需要承担的成本费用为对象的专利费用政策介入专利制度运行的初始环节，通过费用种类设置与标准的调整等手段减少专利制度的个体使用成本来提高专利申请行为的数量和专利制度的使用率，弥补专利制度激励私人技术创新资源投入不足的缺陷。

同时，广义的技术创新资源投入分为两个方面：一是技术创新资源投入的多少，即技术创新资源投入的量；二是技术创新资源投入的方向，即技术创新资源的配置。前已述及，政府实施的专利费用政策能激励私人技术创新资源的投入量。而在专利制度的市场化运作过程中，我们发现，仅仅依靠市场来决策的专利制度使用者在决定技术创新资源如何配置时，往往具有一定的盲目性和短视性，这就造成了技术创新资源配置的不合理。技术创新资源的配置结果可以通过技术创新成果来表征，而表征的典型指标是专利产出，那么专利产出的结构可以在一定程度上反映技术创新资源的配置结果。市场化运作的专利制度在配置技术创新资源方面存在的缺陷并不能有效地在制度内或者通过市场行为自发地得到解决。此时，政府以专利费用种类和额度标准的调整，或有针对性的专利费用减免等手段为主要内容的专利费用政策介入专利制度市场化运行的初始环节，将不同种类的专利费用政策有选择性地向表征技术创新资源配置结果的专利产出结构中比较薄弱的环节倾斜，从而对技术创新资源的投入者产生一定的引导作用。当然，此种对技术创新资源投入方向的引导作用并不是直接的，它通过直接作用于专利制度的运行，以专利制度对技术创新资源的投入激励功能为基础，间接地对技术创新资源的配置起到优化和调控作用。由此，这种政府实施的专利费用政策对促进技术创新的机理可用图6-1 所示的模型表示。

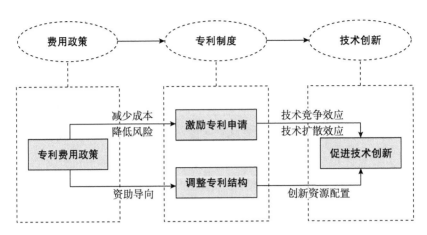

图 6-1　专利费用政策促进技术创新的作用机制

在该模型中，政府对专利费用施加的影响处于政策层面，且属于费用政策层面。该层面的政策以专利制度为作用对象，促进专利制度运行绩效的提高。但实施专利制度的最终目的是激励技术创新，或者提高技术创新的扩散效率。那么，在费用政策与技术创新之间，专利制度发挥中介作用，即费用政策通过影响专利制度的运行绩效进而对技术创新发挥了作用。具体到费用政策层面，其从两个方面影响到作为制度层面的专利制度的运行：通过减少个体专利成本和降低风险来激励专利申请行为；通过有重点的政策导向功能调整专利结构。首先，费用政策的实施，无论是通过费用种类的调整（包括减少或者增加费用种类），还是费用标准额度的调整（包括额度的提高或者降低），都直接影响了专利申请人使用专利制度的成本。其次，由于使用专利制度成本的降低，专利申请人面临的风险也会相应地降低，尤其是专利申请过程中面临的因不能授权最终可能出现的费用损失的风险。最后，专利费用政策具有调节创新者或者潜在专利申请人申请专利的倾向，包括对是否申请专利、申请何种专利、在哪里申请专利以及何时申请专利等倾向的影响，也就会通过专利费用政策作用对象的调整进一步对重点申请专利的质量和数量进行引导，发挥专利费用政策导向的功能。这种费用政策对专利制度的影响，包括激励专利申请和调整专利结构两个方面，又进一步作用于技术创新。通过激励专利申请行为，提高专利制度的利用率，从而充分发挥专利制度的技术竞争和技术扩散效应，在技术竞争中要想获得竞争优势，必然需要投入更多技术资源，而更多技术创新成果借助于专利制度的公开功能快速扩散，也提高了技术创新成果的传播效率，使得更多的创新竞争者从技术扩散中获得收益。正是这种技术竞争效应和技术扩散效应进一步刺激了技术创新资源的投入数量和技术创新成果的传播。另外，通过调整专利产出结构，实际上是通过政策作用点的调整，有针对性地对创新资源的投入进行了重新调整和分配，从而实现了优化创新资源配置的功能，达到利用费用政策合理引导技术创新资源的投入方向的功能和作用。可见，专利费用政策促进技术创新的作用并不是直接发挥作用，其以专利制度使用过程中的成本为作用对象，以作用于专利制度的运行过程为中介，然后对技术创新产生促进作用。

6.3　专利费用政策阻碍技术创新的作用机制

政府实施的专利费用政策是激励性的，其目标在于，当专利申请行为具有成本较高和风险较大的特征时，充分发挥专利申请行为的正外部性。但受政策作用的市场主体是专利申请行为的决策者、实施者和风险承担者，其最大化效用目标是实现微观经济利润最大化。同时，政府对市场主体的专利申请行为进行激励的过程中，信息是不对称的。由于存在信息收集和传递成本，政府无法准确、全面地获知市场主体与专利申请行为相关的信息，或需要付出很大成本才能获知。而市场主体利用其掌握的较多的私人信息，可能采取机会主义行为，企图从政策中获得更大好处。

　　具体来看，对于以降低专利使用者成本为目标的专利费用政策，提高专利制度利用率、增加专利申请量，是政府实施降低专利使用者成本的专利费用政策在实现其促进技术创新的最终目标之前首先要实现的中间目标。也就是说，政府实施降低专利使用者成本的专利费用政策直接作用于专利制度的运行，其直接目的是提高专利制度的利用率，不能绕开专利制度直接作用于技术创新。政府通过降低专利使用者成本的专利费用政策的实施来提高专利制度的利用率，可以充分发挥专利制度激励技术竞争和技术扩散的功能，从而弥补不完善市场中专利制度自行运作所不能克服的缺陷。因此，专利申请量的提高是政府实施降低专利使用者成本的专利费用政策追求的中间结果，但不是最终结果。需要注意的是，对作为中间结果的专利申请量的过分追求，并不意味着促进技术创新功能的最终目标的实现。也就是说，政府实施降低专利使用者成本的专利费用政策影响下的专利申请量越多，并不意味着该政策促进技术创新的绩效越好。这主要是因为，专利申请量的多少，不仅受到技术创新成果拥有人是否愿意利用专利制度的限制，更重要的是，专利申请量的决定性限制因素是技术创新水平。那么，在一定的技术创新水平下，专利申请量是有限的。政府通过实施降低专利使用者成本的专利费用政策来激励专利申请量增长所能达到的专利申请总量，也应有一定的限度。当政府实施降低专利使用者成本的专利费用政策过于强调中间结果，使专利申请量的增长速度明显高于技术创新能力的增长水平时，必然会引起专利申请量的虚高，即专利申请中就无创新的技术提交的不当专利申请增多。

另外，政府对个体实施的专利费用政策重点在于增加公共利益，而不是让专利申请人从政策实施中获利。当此种政策的降本功能被过分强调或者降本程序被忽略时，给专利申请人和政策受益者留下了获利的空间，可能会因专利申请人利用专利费用政策获利而损害到专利费用政策对专利制度促进技术创新的补充激励绩效，甚至阻碍技术创新。这是因为，获利空间的存在虽然会激励专利申请量的攀升，同时也会诱发更多的不具备技术创新内容的不当专利申请行为，也就是垃圾专利的申请，使得专利申请量出现非理性的高速攀升现象。正如前所述，由于不当的专利申请行为可能会浪费技术创新资源和提高他人进行技术创新的成本，不当专利申请行为具有了一定的负外部效应，可能会降低技术创新的社会效率。由此，这种政府实施的专利费用政策阻碍技术创新的机理可用图 6-2 所示的模型表示。

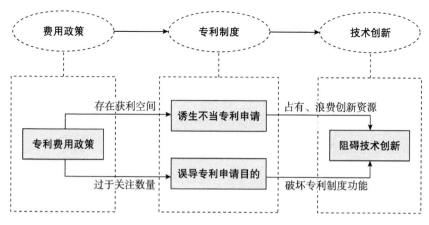

图 6-2　专利费用政策阻碍技术创新的作用机制

在该模型中，政府实施的专利费用政策作用于技术创新时，依然属于政策层面，尤其是费用政策层面，通过作用于专利制度的运行间接对技术创新产生影响。政府实施的专利费用政策对专利制度的运行产生影响，其作用的途径主要包括两个方面：一是实施的费用政策目标不当，尤其是以降低专利制度使用成本为目标的专利费用政策，过于关注中间结果，即专利产出的数量；二是费用政策目标以数量为导向，导致费用种类的设置不恰当、费用额度规定得过低、费用减免的额度过高、以降低专利制度使用者成本为目标的专利费用政策作用的范围过宽或实施的程序过简引起的获利空间的存在。专利费用政策实施过程中存在的这两个方面的不当之处，使得专利费用政策在地方或部门以专利数量为核心指标的政绩效应影响下出现了漏洞，而这两个方面都会直接作用到专利制度的运行过程，即误导专利申请人对申请专利的态度和诱发大量的不当专利申请行为，尤其是以降低专利制度使用者成本为目标的专利费用政策。而不当的政府专利费用政策对专利制度运行产生的这两个方面的影响又进一步作用于技术创新：一是因误导专利申请而使得专利申请人将以专利数量的增长作为申请专利的目的，从而与专利制度的初衷不一致，破坏了专利制度发挥正常功能的机能，降低了专利制度激励技术创新的功效，从长期效果来看，申请专利所带来的利益的不稳定性会因此产生专利制度激励的缺失，阻碍技术创新；二是因诱发不当专利申请行为而造成技术创新资源的不当占有和浪费，从而降低技术创新的效率。政府实施的专利费用政策对加强专利制度提高技术创新的效率是有用的，但又不是一定有效的。这缘于多个方面的原因。首先，政府实施的专利费用政策并不直接作用于技术创新，而是以专利制度为中介，对技术创新产生间接的影响。其次，作为作用中介的专利制度本身，又是以市场机制为基础的，建立在市场机制基础上的专利制度存在被不当利用的风险。最后，在这种情况下，政府实施的专利费用政策可能会面临降低技术创新效率，甚至阻碍技术创新的风险。因此，作为专利费用政策的制定者和实施者，政府应出于提高技术创新效率和社会福利最大化的目标，对当前实施的专利费用政策进行检视和调整，以克服可能面临的风险和失败。

6.4　专利费用政策对社会福利的影响机理

本节内容试图通过建立专利申请的博弈分析模型，来探究专利费用政策对社会福利的影响。

6.4.1　专利申请的博弈模型

在本书给出的专利申请博弈中，我们将专利制度看作政府提供给公众的一种契约，专利制度的各种具体规范构成了这个契约的条款。本书中有一个基本假设，即创新成果在本质上是"隐含知识"，在没有申请专利前，其作为技术秘密由创新者掌握。实际上，"隐含知识"作为一个概念，现在已越来越频繁地出现在经济学和其他文献中。创新者选择申请专利，就要放弃知识的隐含性，对其进行公开披露，以获取临时的排他性权利。那么，创新成果的隐含程度就对创新者是否选择申请专利产生影响。隐含程度越高，其作为技术秘密保护的价值越高，在申请专利前需要考量哪种方式更适合。而隐含程度较低的创新成果，其作为技术秘密保护的难度较大，很容易在技术成果使用的过程中被公众所知悉，因此，更多地考虑通过专利的方式进行保护。当创新者考量将作为隐含知识的技术秘密申请专利时，选择了公开该隐含知识，放弃了对隐含知识的独占。为什么创新者会选择将隐含知识公之于众而获取有期限限制的临时性专利排他性保护呢？相对于作为"隐含知识"的技术秘密保护来说，专利权保护存在一定的劣势。首先，专利保护需要支付一定的成本，包括费用成本和时间成本。在申请和维持专利权的过程中，都需要支付一定的费用，包括申请费、代理费和维持费等。且专利申请需要经过审批程序，是否能通过审批程序获得授权，以及何时才能通过审批程序获得授权都是未知的。更重要的是，专利保护的最长期限虽然是从专利申请日起算，但专利保护却是从专利授权日起算。也就是说，在等待专利审批的"悬而未决"的状态下，专利申请人并不享有专利权，哪怕最终专利获得了授权，这段审批的时间也不是在专利权的有效期内。其次，专利申请采取了"早期公开、延迟审查"制度，这意味着在没有得到审查结果之前，专利申请就需要公开。而一旦公开，专利申请中的技术要点就会被竞争对手知悉，如果专利申请最后一旦没有获得授权，这意味着专利申请人也无法将已经"早期公开"的原本属于创新者隐含知识的创新成果独占，专利申请过程中悬而未决的状态和早期公开的制度设计加重了专利申请人丧失隐含知识的风险。另外，由于专利申请过程中和授权后都需要对专利申请文件进行公开，包括详细说明技术要点的发明书的公开，这使得隐含知识本来的有限传播变为快速而广泛的传播，加大了技术被竞争者模仿的风险，但制止模仿中的侵权行为，或者从模仿中的侵权行为中获得赔偿，需要额外支付律师费用及相应的时间，且在这个过程中，专利权还可能面临被诉侵权人的挑战。最后，专利权是有最长保护期限制的，而作为技术秘密保护的隐含知识没有最长保护期的限制，这使得作为专利权保护的隐含知识需要在有限的时间内通过专利权的利用收回研发投资，一旦保护期终止，专利权将终止，专利权保护的技术方案进入公有领域，任何人均可以免费实施。当然，技术秘密保护的隐含知识也有其缺陷，例如，该隐含知识存在的技术秘密如果被其他竞争者在没有窃取该技术秘密的条件下独立开发出来，或者该隐含知识状态下的技术秘密被泄露，不再处于隐含状态，也不再是技术秘密，那么，将丧失反不正当竞争法对该隐含知识的技术秘密保护。由此，我们认为，从专利申请人的角度，选择申请专利或者作为技术秘密进行保护，需要考量哪种保护方式对申请人更为有利。那么，申请人选择申请专利的条件是专利保护的利润高于技术秘密保护的利润。

1. 不考虑申请成本时的专利申请博弈模型

为了保护创新成果，我们假设创新者完成创新后，此时面临一个决策，即要么申请专利，要么将其作为技术秘密进行保护。我们考察在没有申请成本时，创新完成者做出专利申请决策的简单模型。在这个模型中，我们假设创新已经完成，而且创新者的成本和创新项目的价值是政府无法观测的。同时，为了集中讨论专利制度的整体绩效，假设只要将创新成果申请专利，就能获得授权。那么，创新成果用技术秘密保护所能获得的利润可以用模型表示。假设创新者的投资是 x，创新项目的价值为 h。由于现实中创新函数的形态比较复杂，对于创新函数的整体形态也未形成定论，因此很难用简单的模型表示，为了方便研究，我们通常要做一些假设。在这里，我们借助许多学者建立创新模型前通常设定的假设，将创新函数用递增凹函数表示。由此，我们可以假设创新函数具有如下简单形式：

$$\varphi(x) = \sqrt{hx} \qquad\qquad (6-1)$$

假设研发的固定投入成本为 F，创新的单位筹资成本为 m。同样地，我们假设创新者需要投入的创新成本是 x 的递增凸函数。那么，可以将创新成本函数表示为

$$C(x) = F + mx^2 \qquad\qquad (6-2)$$

如果用 r 表示利率，它和固定投入成本 F 一样，并不影响创新的本质，可以认为对所有创新过程是不变的。用 ν 表示创新知识的隐含程度，技术秘密保护下创新成果泄露的概率满足一个参数为 λ 的指数分布。现有文献中，这是一个常见的假设，很多学者对于创新发生的概率也都假设服从指数分布。如果创新者的创新结果没有泄露，单位时间内创新者可以获得的垄断利润流用 $\pi(\varphi) = \varphi^2/4$ 表示。那么，在创新者选择技术秘密保护创新成果时，其利润最大化的模型可以表示为

$$\hat{\Pi} = \int_0^\infty \pi(\varphi) e^{-(\lambda+r)t} dt - C(x) \qquad\qquad (6-3)$$

对式（6-3）求最大极值，得到 $\hat{\Pi} = hx/[4(\lambda+r)] - mx^2 - F$。根据本书的假设，创新知识的隐含程度越高，在没有专利保护时，创新成果被破解的概率越低。创新成果的隐含程度越高，创新者的利润也

就越高。当创新成果泄露时，创新者的利润降为零。如果用 $\nu = \dfrac{r}{\lambda + r}$

表示创新知识的隐含程度，在 $\nu = \dfrac{r}{\lambda + r}$ 中，利率 r 一定，λ 越大，表

示创新知识的隐含程度越低，此时 ν 随 λ 变大而变小，因此用 ν 来表
示创新知识的隐含程度是合理的。此时，ν 也就表示了创新者对技
术秘密保护下利润的可占性。那么，式（6-3）在创新者利润极大化时
又可表示为

$$\hat{\Pi} = \frac{\nu h x}{4r} - m x^2 - F \tag{6-4}$$

式（6-4）在一阶条件时，创新者在技术秘密保护下的最优创新
投资为

$$\hat{x} = \frac{\nu h}{8mr} \tag{6-5}$$

将式（6-5）代入式（6-4），可得创新者在技术秘密保护下所能
得到的利润为

$$\hat{\Pi} = \frac{\nu^2 h^2}{64 m r^2} - F \tag{6-6}$$

下面，我们考虑引入专利制度时，在创新成本函数以及创新函数
不变的情况下，创新者选择专利保护时的利润。当创新者选择申请专
利时，如果这里不考虑申请保密专利的情况，意味着创新成果必须公
开，则 $\lambda = \infty$，或者 $\nu = 0$。假设专利的法定保护期为 T，为了和技
术秘密保护进行比较，定义 $\tau = 1 - e^{-rT}$。此时，在假设创新者只有专

利制度可选择时，极大化其利润的模型为

$$\tilde{\Pi} = \int_0^T \pi(\varphi)\,\mathrm{e}^{-rt}\mathrm{d}t - C(x) = \frac{\tau hx}{4r} - mx^2 - F \qquad (6\text{-}7)$$

实际上，由于 τ 是 T 的单调增函数，且 $\tau(0)=0$，$\tau(\infty)=1$，因此，可以将 τ 看作专利权的期限。那么，技术秘密保护下的创新者对技术秘密保护下利润的可占度 ν 可以被看作技术秘密保护下创新的有效寿命，相对而言，τ 也表示了专利保护下的完全寿命。式（6-7）在一阶条件时专利制度对创新者的创新激励为

$$\tilde{x} = \frac{\tau h}{8mr} \qquad (6\text{-}8)$$

同样地，将式（6-8）代入式（6-7），得到创新者选择专利制度时所能得到的利润为

$$\tilde{\Pi} = \frac{\tau^2 h^2}{64mr^2} - F \qquad (6\text{-}9)$$

由式（6-6）和式（6-9）我们可知，理性的创新者在做出专利申请决策时，会比较申请专利和采取技术秘密保护所带来的利润大小。如果 $\overset{\wedge}{\Pi} > \tilde{\Pi}$，创新者会选择技术秘密保护；反之，则选择申请专利。也就是说，创新者申请专利的条件是 $\tau > \nu$。可以解释为，只有当表示专利权的期限，即专利权人对创新成果的垄断期限 τ，超过表示技术秘密保护下创新成果不被泄露的有效占有期限 ν 时，创新者才会选择使用专利制度。实际上，由于 τ 由专利制度确定，因此代表了专利保护度，而 ν 表示的是创新知识的隐含程度，上述 $\tau > \nu$ 的条件，

即表示专利保护度大于创新知识的隐含程度。

2. 考虑申请成本时的专利申请博弈模型

我们知道，创新者是否申请专利，除了受专利期限的影响，还受专利性要件的影响。也就是说，由于专利性要件以及审查专利申请中的不确定性因素，创新者申请的专利具有一些不稳定性。这种授权的不确定性在各国都存在，一般国家的专利法都会规定授予专利权的专利必须满足专利性要件。审查员对专利申请进行审查的过程，实际上是发现专利申请中错误的过程，而这一过程受到多重因素的制约，其中，最主要的制约是审查员面临的信息约束制约。实际上，在低质量专利的产生过程中，除了专利申请人提交缺乏专利性的申请，专利审查员未能在审查过程中发现并拒绝对缺乏专利性的申请进行授权是主要根源之一。而专利审查员为了识别缺乏专利性的申请，需要在有限的时间内利用有限的资源检索到与专利申请最接近的现有技术信息并与之进行比较，这些被检索的现有技术信息包括申请日之前在国内外为公众所知的所有技术信息。很显然，由于受到时间和资源限制，专利审查员无法穷尽所有的现有技术信息，他们面临自身无法克服的信息约束困境，而受到信息约束的专利审查员不可避免地会出现错误授权。为了缓解专利审查过程中的这种信息约束困境，全球各主要专利局试图通过不同的制度安排从专利局之外为审查员提供扩展现有技术信息的途径，这些制度安排包括实施专利局之间的审查协作、激励公众参与专利评审以及要求专利申请人提供现有技术信息等。其中，由于专利申请人掌握发明创造完成过程中参考过的现有技术信息，要求专利申请人在专利申请过程中向专利局提供与专利申请相关的现有技术信息，被普遍认为不仅具有正当性，也是可行的解决受到信息约束的专利局无法通过自身资源的投入解决审查过程中出现错误授权问题的途径，而审查时间的限制加剧了这种困境。但审查时间的过度延长会使得专利申请长期处于悬而未决的状态，降低专利制度保护创新的效率。那么，要求做出发明创造的专利申请人提供与专利申请相关的现有技术信息，从理论上扩展了专利局获取现有技术信息的途径，从而有助于提高专利审查效率。

有不少学者从理论层面关注专利申请人披露现有技术信息的动机，相关的理论研究认为，专利申请人向专利局披露现有技术信息的动机取决于该行为能带来的价值，当披露更多现有技术信息能为专利申请人在获得权利时带来价值，专利申请人会选择向专利局披露。近年来相关研究开始更多地从实证的角度对一些理论上的定性结论展开验证，相关的实证研究结论确实表明，专利申请人愿意在申请过程中向专利局提供更多的现有技术信息，但动机是复杂的，除了获得稳定权利的动机，有些申请人可能通过披露大量对专利审查无用的现有技术信息以干扰专利审查。当然，也有实证研究得出相反的研究结论，专利申请人为了避免在专利审查中被驳回，并不愿意披露现有技术信息，甚至战略性地隐瞒相关现有技术信息。这就会出现审查员在审查一件专利申请时所运用的知识、时间的有限性和信息的不对称性，导致出现两种意义上的错误。即在专利性要件被给定的条件下，可能会出现应该授予专利权的申请经过审查后未被授予专利权，或者不具备授予专利权的申请经过审查授予了专利权。因此，考虑到这些因素的影响，这里，我们假设专利申请获得授权的概率为 p，如果没有被授权，创新者采用技术秘密来保护。一般来说，不同的创新项目获得授权的概率不一样，创新价值 h 越高的项目越容易满足专利性

的要件，获得授权的概率往往也就越高。由此，我们可以将授权概率
表示为

$$p=p(h)，其中 p'(h)>0 \qquad (6-10)$$

同时，申请和维护专利权时创新者需要支付一定的成本，包括
费用成本和时间成本。这两项成本的存在，会减少创新者实现的专
利利润，因而会降低创新者申请专利的积极性。由于费用成本是由
专利制度确定的，当不考虑费用减免等相关政策时，对所有的创新
者来说，可以一般性地将专利申请和维护需要支付的费用成本表示
为 A。

创新者申请专利需要支付的时间成本主要来自专利申请至授权的
等待时间，这中间需要经历受理专利申请、初步审查专利申请、公开
专利申请、收到实质审查请求书、进行现有技术检索、发出审查意见
通知书、与申请人及其代理人互动交流、做出授权与驳回申请的决定
等过程，我们将这一过程经历的时间设定为 q。由于专利权的保护从
授权日起才生效，因此，创新者只有在等待时间之后才能获得专利利
润，在等待时间内就出现了利润损失。那么，考虑前述各项因素影响
下的授权概率，创新者在等待时间之后获得的利润为 $\tilde{\Pi}^p$，折现到申
请日为 $e^{-rt}\tilde{\Pi}^p$，则考虑了时间价值后的等待时间可表示为 $\varphi(q)=1-e^{-rt}$。

这里需要注意的是，在经济学的角度，从一般意义上分析这两种
成本，我们会发现其对社会福利产生的影响也是不一样的。从专利费
用的构成来说，专利申请人支付的年费是一种纯粹的转移支付；而其
他部分的专利费用则可以看作专利申请中的手续费用，在某种程度上
也可以看作一种转移支付。由于没有产生新的技术、产品，也没有

提高技术、产品的利用效益，转移支付本身并不会对社会福利产生影响。但是，专利申请人为等待授权所支付的等待时间，推迟了创新成果被商业化运用的时间，这不仅是创新者的利益损失，也是创新成果使用者的利益损失，从本质上完全类似于一种社会福利的净损失。

此时，在考虑成本后，创新者申请专利所能获得的利润可表示为 $\tilde{\Pi}^p-[A+\varphi(q)\tilde{\Pi}^p]$。由此，结合式（6-6）和式（6-9），可以将创新者申请专利的条件表示为

$$\frac{h^2(\tau^2-\nu^2)}{64mr^2}>\frac{A}{p(h)}+\varphi(q)\tilde{\Pi}^p \tag{6-11}$$

式（6-11）的左端是在未考虑专利申请成本和采取技术秘密保密措施的成本时创新者选择申请专利或者采取技术秘密保护的利润差，右端代表的是考虑了授权概率及费用、时间后的申请成本。由式（6-11）可知，$A/p(h)$ 表示考虑了授权概率后的申请费用，当授权概率为 0 时，$A/p(h)$ 将无限大，从而式（6-11）也就不可能满足了。根据在没有考虑专利费用时的专利申请博弈分析，当 $\tau<\nu$ 时，创新者不会选择技术秘密保护，此时，专利费用对专利申请决策不产生影响。因此，下面仅探讨 $\tau>\nu$ 的情形。

如果在式（6-11）的两边同除以 h^2，同乘以 $64mr^2$，可得到下式：

$$\tau^2-\nu^2>\frac{64mr^2A}{p(h)h^2}+\varphi(q)[p(h)\tau^2+(1-p(h))\nu^2]=Y(A,h)+Z(q,h)$$

$$\tag{6-12}$$

这里，我们定义函数 $Y(A, h)$ 和函数 $Z(q, h)$ 如下：

$$Y(A,h) = \frac{64mr^2A}{p(h)h^2} \qquad (6-13)$$

$$Z(q,h) = \varphi(q)[p(h)\tau^2 + (1-p(h))\nu^2] \qquad (6-14)$$

假设专利申请的等待时间 q 一定，仅考察专利费用对创新者申请专利的影响。对 $Y(A, h)$ 函数做简单的偏微分：

$$\frac{\partial}{\partial A}Y(A,h)>0,\ \frac{\partial}{\partial h}Y(A,h)<0,\ \frac{\partial^2}{\partial A\partial h}Y(A,h)<0 \qquad (6-15)$$

对式（6-15）进行分析可知，$\frac{\partial}{\partial A}Y(A,h)>0$ 意味着对任何创新项目，提高专利费用 A，都会增加创新者申请专利的成本，从而降低专利制度对创新者申请专利的激励效应；$\frac{\partial}{\partial h}Y(A,h)<0$ 则表示，在专利费用 A 不变的情况下，价值越高的创新成果越容易受到专利制度的激励而申请专利；$\frac{\partial^2}{\partial A\partial h}Y(A,h)<0$ 则表示，提高专利费用 A，专利制度对价值 h 高的创新成果申请专利造成的边际负激励比较小。这种效应可以用图 6-3 进一步说明。在图 6-3 中，函数 $Y(A,h)$ 的斜率随参数 h 的增大而减小，当专利费用由 A_1 增加到 A_2 时，由于 $Y(A,h_1)$ 的斜率大于 $Y(A,h_2)$ 的斜率，因此，$Y(A,h_1)$ 的增幅要大于 $Y(A,h_2)$ 的增幅，专利费用对价值高的创新成果产生的专利申请负激励效应要小于价值低的创新成果。由此，专利费用对价值低的创新成果申请专利影响大，而对价值高的创新成果申请专利影响小。也就是说，降

低专利费用，将会有越来越多的创新价值低的项目申请专利；而提高专利费用，将会使得越来越多的创新价值低的项目放弃申请专利，同时对创新价值高的项目的专利申请激励并不会因此有很大降低。

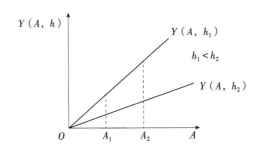

图 6-3　专利费用对不同价值创新成果的激励效应

6.4.2　政府实施专利费用政策对社会福利的影响

专利费用的支出是一种转移支付，本身并不对社会福利产生影响。从经济学的角度分析，就政府对专利费用的收取或支出本身来说，相当于把个人财富向国家转移或者国家财政收入返还给个人或者企业，资产价值在转移过程中没有增加或者减少，因此，此种支出行为本身并没有减少或者增加社会福利。但作为一种调控手段，政府收取或者减免专利费用的行为可能会间接地影响社会福利水平。因此，在政府实施的专利费用政策本身不影响社会福利的情况下，我们可以通过分析其对专利申请行为的影响，来研究其是如何间接地影响社会福利的。我们可以将专利制度对社会福利增长的功能描述为，通过鼓励专利申请，让创新者将创新成果进行披露，从而在累积创新过程中推动技术进步。因此，从增大社会福利的角度来看，价值 h 越高的创新成果，越应受到激励而申请专利，因为价值越高的创新成果，其在被公开后对后续创新者的借鉴价值越高。在讨论政府实施专利费用政策对社会福利的影响之前，我们先来看看式（6-14）的性质。对式（6-14）进行简单的偏微分，得到如下结果：

$$\frac{\partial}{\partial q} Z(q,h) > 0, \frac{\partial}{\partial h} Z(q,h) > 0, \frac{\partial^2}{\partial q \partial h} Z(q,h) > 0 \qquad (6-16)$$

对式（6-16）进行分析可知，由于 $\frac{\partial}{\partial q} Z(q,h) > 0$，因此对任何创新项目，增加专利授权前的等待时间 q，都会导致专利申请的成本增加，从而专利制度对创新者申请专利的激励效应降低。专利权自授权时生效，专利申请到专利授权的等待时间的增加，会增加专利权人实施专利权的延迟时间。

实际上，专利授权前的等待时间 q 受多重因素的影响。近年来，各国专利局在运行实践中发现，即使在专利申请量没有增长的情况下，同样会面临审查积压和授权时滞问题，且很难仅通过扩充审查员数量来解决这一问题。这在一定程度上说明，当前专利系统运行中所面临的专利授权时滞延长的困境，可能不仅是因为专利申请量增长引发的，即专利授权时滞可能受到多因素环境变化的影响。从理论上讲，当专利局的审查能力和审查效率一定时，专利局受理的申请量越多，专利申请在专利局就会越容易出现拥挤和排队的现象。因为申请量的增长是专利授权时滞延长的最根本原因，而驱动专利申请量增长的原因是复杂的，不仅仅是因为技术产出量的增长。专利申请动机由传统保护创新到战略性应用的转变，如战略性地追求规模效应、构建专利组合或增加谈判砝码等，专利申请动机的异质性对专利申请量产生了影响。同时，专利申请量的增长还受到技术创新政策、企业特征、研发方式及行业因素的影响。受复杂因素影响的专利申请量的增长使得通过控制申请量的方式解决专利授权时滞问题变得更加困难。全球专利活动越来越活跃的趋势加剧了企业间的专利竞赛。为了在越来越激烈的专利竞赛中取得优势，竞赛的参与者纷纷采取一些申请策略，如在专利申请中尽量增加权利要求数，或者使用晦涩的语言撰写专利说明书。专利申请中出现的这种趋势增加了审查员发现错误申请的难度。为了避免错误授权，审查员不得不在一件专利申请上花费更长的时间，或者不断地反复与申请人进行沟通，也造成了专利授权时滞的延长。可见，基于专利竞赛的需要出现的专利申请的策略性应用加大了审查难度，是影响专利授权时滞延长的因素之一。另外，随着技术的进步，涌现出越来越多的新技术和越来越复杂的改进技术。新技术和复杂技术的出现增加了审查员发现错误申请的难度，为了避免在审查过程中犯错，审查员需要花费更多的时间在证明专利申请是否该被授权或者被驳回上，从而加剧了专利授权时滞。由以上分析可知，专利授权时滞受到多方面因素的影响。申请量的增长使得专利局的处理量增多，专利申请人采用的策略和技术复杂度的提高使得专利局的处理难度增加，而专利局出于多方面考虑还要有意识地控制专利授权的时滞。因此，就出现了专利局增加审查员数量也很难完全解决授权时滞延长的问题。

通过对模型进一步分析可知，$\frac{\partial}{\partial h}Z(q,h)>0$ 意味着在等待时间 q 给定的情况下，也就是专利授权时滞一定的情况下，专利制度对价值

h 高的创新成果产生的专利申请激励小。同时，$\frac{\partial^2}{\partial q \partial h} Z(q,h) > 0$ 意味着提高等待时间 q，也就是延长专利授权时滞，专利制度对价值 h 越高的创新成果申请专利产生的边际负激励越大。

专利申请等待时间的长短，或者说专利授权时滞的长短对不同价值专利申请产生的不同激励效应，可以进一步解释。实际上，全球主要专利局最早从减轻专利系统运行负荷的角度对专利积压进行关注。但近几年，无论是实务界还是理论界，都开始关注专利积压背后更深层次的潜在危机，即伴随专利审查积压增多而专利授权时滞延长变得更加严重，可能引发专利系统的潜在危机。实际上，专利授权的时滞使申请专利的技术市场化运用的时间受到了影响，申请专利的技术进入市场的时间会随着专利授权时滞的延长而延长。专利授权的时滞效应引发的市场对专利权的可预期性和专利市场化延迟问题会进一步反映到专利系统对创新投入的激励程度上。一般来说，创新投入的决策依赖于创新利润的实现程度，而创新利润的实现建立在一定的获利预期和获利周期的基础上。获利的预期越高，获利周期越长，创新利润的实现程度越高，越会激励更多的创新投入。当专利授权时滞延长时，专利授权的可预期性降低，创新投入的获利预期也相应降低。专利申请技术的市场化延迟，创新投入的获利周期也相应变短。由此可见，专利授权的时滞影响了创新利润的实现程度，使专利系统对创新投入的激励程度受到了影响，专利授权时滞越长，专利系统对创新投入的激励程度越小。专利授权时滞的延长可能会引起市场预期的降低和市场扭曲，推迟专利申请技术进入市场的时间，从而降低专利系统对技术创新投入的激励程度。

从以上分析的结论来看，在时滞效应的作用下，由于专利系统的种种弊端，专利授权时滞的延长会使得一部分创新者放弃使用专利系统。通过对式（6-16）的进一步分析发现，价值越高的创新成果，对专利申请的等待时间，也就是专利授权时滞越敏感，反而是创新价值不高的低质量专利申请，对专利申请的等待时间，也就是专利授权时滞不敏感。也就是说，无论专利授权时滞多长，都不影响低质量专利申请进入专利系统。

实际上，专利申请的等待时间受到专利局的审查员数量、审查效率、审查条件、审查任务量等多重因素的影响。在分析政府采用的专利费用政策对社会福利的影响时，我们假设专利局收到的专利申请遵循一个泊松过程，同时，假设专利局审查任一专利申请所需要的时间相同。那么，由于专利申请是一个随机事件，当专利局的审查能力一定，收到的专利申请量超过了专利局最大的承载能力时，专利申请就会在专利局出现排队现象，而专利局收到较少专利申请时，就会出现闲置现象。这里我们假设专利局的年审查能力为 W，年专利申请量为 G，专利局审查任一专利申请需要花费的时间为 μ。现实中，专利局的审查能力往往很难满足专利审查需求，因此假设 $W < \mu G$。此时，我们设定的专利申请需要等待的概率为 $(\mu G-W)/\mu G$，平均等待时间为 $(\mu G-W)/2$，那么，任一专利申请在获得授权之前的预期等待时间为 $q=(\mu G-W)^2/(2\mu G)$。可见，由于 $\partial q/\partial W > 0$，则专利申请量 G 越大，专利申请的平均等待时间就越长。

政府实施的专利费用政策，尤其是以降低专利申请人申请专利的资金成本为目标的专利费用政策，实际上相当于减少了创新者申请专利的专利费用成本，也就是降低了分析模型中的 A。根据对式（6-15）的分析，降低 A 会使大量的创新价值 h 低的项目申请专利。此时，由于申请成本的降低，专利申请人使用专利制度保护创新成果的倾向提高，会增加专利局收到的专利申请总量。当专利申请量 G 增加时，由于专利申请量增加到超过专利局最大承载数量，专利申请会出现排队等待现象，且随着专利申请量的增加，专利申请获得授权的平均等待时间也会增加。根据对式（6-16）的分析，当专利申请的等待时间 q 增加时，不仅会增加专利申请成本，而且由于专利申请等待时间，也就是专利授权时滞对高价值创新成果是否申请专利影响更大，那么，在专利授权时滞对价值 h 高的项目具有歧视性时，会减少专利制度对价值 h 高的项目申请专利的激励效应。从社会福利最大化的角度来说，在审查资源等公共资源有限的条件下，专利制度应该鼓励高价值的项目申请专利，同时应该抑制低价值的项目申请专利。而政府实施专利费用政策，尤其是以降低专利申请人使用专利制度成本为目标的专利费用政策激励了价值低的项目申请专利，增大了专利申请量，却对价值高的项目申请专利产生了一定的抑制效应。此时，在专利系统中就出现了一种"劣币驱逐良币"的现象，因为从社会的角度来看，价值越高的项目越应该申请专利，是一种"良币"，而价值低的项目不应该进入专利系统，是一种"劣币"。不当的专利费用政策鼓励了作为"劣币"的低质量专利，甚至是垃圾专利进入专利系统，由于"劣币"的到来，专利系统中出现了"拥堵"的现象，而在专利审查资源一定的条件下，"拥堵"的专利申请会使得专利授权时滞进一步延长，专利授权时滞又对价值高的项目具有排斥效应，从而使得延长的专利授权时滞迫使一部分价值高的项目放弃使用专利制度，产生了驱逐"良币"的后果。这种因不当专利费用政策实施导致的"劣币驱逐良币"的现象，减损了专利制度促进社会福利增长的功效。

通过以上的分析，我们认为，政府实施的专利费用政策并不会直接影响社会福利水平，它是通过作用于专利申请进而影响社会福利水平的。同时，我们发现，政府实施的不当专利费用政策，尤其是以降低专利申请人使用专利制度成本为目标的费用政策并不必定会对增加社会福利水平有效，反而可能会引发大量的低价值专利申请而减损社会福利。

6.5 本章小结

政府实施的专利费用政策并不直接作用于技术创新，而是通过作用于专利制度的运行这一中间过程来作用于技术创新。这种政府实施的专利费用政策对技术创新产生的间接影响可以用图 6-4 所示的关系来表示。

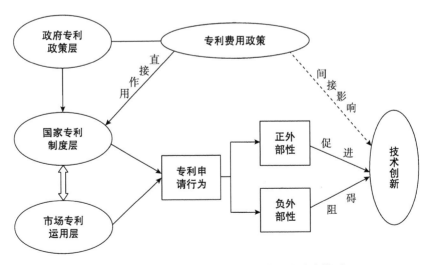

图 6-4 专利费用政策对技术创新的间接影响模型

由图 6-4 所示的政府实施的专利费用政策对技术创新的间接影响模型可知,模型中所有的箭头最后都指向了技术创新,说明分处于国家技术创新系统不同层次的政府专利政策、国家专利制度和市场专利运用共同作用于一个终极目标,即技术创新。其中,虚线箭头表示政府专利政策并不直接作用于技术创新,而是以建立在市场化运用基础上的国家专利制度为中介,间接影响技术创新。这主要是因为,以专利制度运行为作用对象的专利政策,建立在专利制度运行的基础上。但专利制度是一项以市场经济为基础的法律制度,其运行建立在相关利益者市场决策的基础上,无论是申请专利还是利用专利或者放弃专利,甚至发起专利诉讼,都是基于专利申请人或专利权人的利益考量。但专利制度在运行的过程中,可能会因为市场环境本身的原因出现激励不足或过度激励的问题,此时需要专利政策的介入,对专利制度运行进行适度的干预,以此弥补专利制度市场化运行的缺陷。那么,专利申请行为就是专利制度市场化运行的结果之一,而以公共利益为目标的专利制度与以市场主体私人利益为目标的市场运行之间存在的冲突,使得专利申请行为具有了正外部性和负外部性的双重特征。当专利申请以正外部性效应为主时,需要专利政策进行额外的激励;而当专利申请以负外部性效应为主时,需要专利政策进行额外的限制。那么,作为政府专利政策之一的专利费用政策,对专利制度市场化运行的结果,即专利申请行为的影响也是双重的。比如以降低专利申请人使用专利制度成本为目标的专利费用政策,对所有的专利申请均产生了激励效应。也就是说,这种专利费用政策既对专利申请行为的正外部性产生激励作用,同时也对专利申请行为的负外部性产生激励作用。很显然,对专利申请行为的正外部性产生的激励作用促进了技术创新,而对专利申请行为的负外部性产生的激励阻碍了技术创新。

可见，政府实施专利费用政策对当前加强专利制度促进技术创新的功能发挥是有用的，但不一定是有效的。政府在实施不同的专利费用政策时，应注意与专利制度运行的结合，比如以降低专利制度使用者成本为目标的专利费用政策，应该将促进技术创新而不是促进专利数量的增长作为最终目标。在该最终目标的指导下，结合以专利产出指标表征的技术创新资源配置的现状，选择性地对不同专利费用种类和额度标准进行调整，实施针对不同对象的专利费用减免政策，避免盲目实施专利费用政策。同时，应加强专利费用政策实施过程的管理，完善对专利费用政策实施对象和项目的事后监督，防止从不当专利费用政策中获利。

在此基础上，本章进一步运用福利经济学的常用模型，就政府实施专利费用政策对技术创新产生的影响，进而对社会福利产生的影响进行了理论分析。首先，构建了一个不考虑专利费用等成本的专利申请博弈模型，该模型的基础在于专利申请人进行专利申请决策时，为了实现其利益最大化，就专利申请带来的利润与采取技术秘密保护带来的利润进行比较，当专利申请的利润高于技术秘密保护的利润时，专利申请人选择使用专利制度，提出专利申请。本章通过一系列的假设和模型构建，得出了两者利润比较的模型。然后，在此模型的基础上，又构建了一个考虑专利费用成本和专利申请授权等待时间成本的专利申请博弈模型，通过两个模型的结合，得出了一些有意思的结论。其中，一个重要的结论就是，提高专利费用对价值低的项目申请专利具有排斥作用，而对价值高的项目申请专利没有影响。而降低专利费用，对价值低的项目申请专利具有激励作用，对价值高的项目申请专利，因为授权等待的时间延长而产生了排斥效应，出现了"劣币驱逐良币"的现象。

在运用已经构建的福利经济学模型就政府专利费用政策对社会福利的影响进行分析时，结合了考虑专利等待时间成本情形下的专利申请决策模型，以等待时间成本对价值高的项目申请专利具有排斥作用，专利费用的调整，尤其是降低专利费用标准对价值低的项目具有吸引作用为逻辑起点，分析并得出了一个重要的结论：政府实施低标准的专利费用政策，尤其是以降低专利制度使用者成本为目标的专利费用政策，降低了专利申请人承担的专利费用成本，吸引了价值低的项目申请专利，进而在审查资源和审查效率一定的情形下，延长了专利申请等待时间，从而对价值高的项目申请专利具有了排斥作用。而从福利最大化的角度来看，专利制度应该鼓励价值高的项目申请专利。从本章的分析结论来看，政府实施不当的专利费用政策，尤其是采用低额度标准，甚至可能存在获利空间的专利费用政策，具有减损社会福利的风险。

专利费用政策的结构效应与政策完善

近年来，随着新技术的不断涌现和专利竞争的不断加剧，全球主要专利系统均面临申请量快速增长以及由此带来的审查积压增多、审查周期延长等系统性风险。而过多的低质量专利，引发了专利系统运行中的低质量"恶性循环"现象，即专利竞争导致"数量化"竞赛模式下的专利申请倾向的提高，使得专利申请量快速增长，在专利局审查资源有限的情况下，审结量低于申请量的增长，导致专利局出现越来越严重的超载现象，专利局在去库存的压力下只能缩短单个专利申请的审查周期，由此出现审查质量下降，而审查质量的下降提高了"投机性"专利申请的成功概率，从而在"战略需求"驱动下激励出更多的低质量专利申请，这种"恶性循环"运行的专利系统已经阻碍了创新。为了避免陷入低质量"恶性循环"的困境，全球主要专利系统纷纷通过加大审查资源的投入力度、扩充审查员队伍、优化和管控审查程序、扩大审查对外合作和信息共享、激励现有技术信息的外部供给等措施进行应对。在逐渐深入的专利改革实践中，各主要专利系统开始意识到，包括专利费用政策在内的现有政策工具的运用对于破解困局可能是有效的，而相比于增加审查资源的投入，运用现有政策工具不仅成本更低，而且可能从源头上解决问题。在这样的背景下，近年来，全球主要专利系统纷纷改革专利费用政策，试图通过专利费用政策的优化和运用来缓解专利系统面临的压力。

有相关研究表明，专利费用会改变专利申请行为倾向，从而对专利质量产生影响。专利费用主要由两部分构成，专利申请费用和专利维持费用。Tom 的研究结果显示，专利申请费用的降低，会增加专利申请倾向，但同时低价值专利的数量也有所增加。相应地，专利申请费用的提升，会降低专利申请倾向，但只有当专利申请费用实质性地提高时，才能对专利申请的数量乃至质量产生较为明显的影响。值得注意的是，若专利申请费用过高，也可能会抑制高质量专利申请的提交。专利维持费用也会对专利申请行为产生影响，过高或过低均会影响专利制度的创新激励作用。Mark 在研究中指出，低初始维持费用有利于鼓励企业积极参与市场竞争，激励更多较弱的竞争对手提交专利申请；而过高的维持费用会带来较大的经济负担，可能会抑制创新主体研发的积极性，甚至不采取专利的方式对技术进行保护。因此，要减少低质量专利的产生，可以通过对专利费用结构的优化调整，抑制低质量专利申请的提交，提高专利申请质量。专利申请质量的总体水平得到了提升，专利质量也会随之提高。

一些可能影响专利申请人行为倾向与战略决策的专利政策越来越受到理论界和实务界的关注。其中，不少学者就认为，专利费用的变化可能会改变专利申请人的行为，尤其是影响不同创新价值成果的拥有者使用专利制度的倾向，进而影响审查过程。例如，由于专利申请费中按照权利要求的项数增加专利申请附加费，导致每项权利要求的专利申请成本与专利申请人提交的权利要求数量之间存在负相关关系。也就是说，专利申请附加费的标准越高，一件专利申请中权利要求的平均项数就越少。这些研究结论实际上支持了一种关于专利费用政策的观点，即在一定程度上，专利费用政策，尤其是专利费用标准的差异可能对不同国家专利授权率的差异具有理论上的解释力。实际上，一些现有研究还强调了对专利申请人收取专利费用的重要性，较低的费用标准不仅增加了专利申请倾向，导致专利申请量增长，而且在专利审查资源和审查时间有限的条件下，还可能因为低标准的专利费用水平导致专利局出现专利授权倾向。在最优专利费用政策的选择方面，当研发投入与研发产出存在事前不确定性时，如果能够通过专利费用政策或审查政策为发明人提供更多的关于专利申请或授权后的事后收益的信息，政府通过专利费用政策的完善为专利制度使用者提供一次性费用选择，也许是最佳选择。此外，还应该考虑专利费用标准的提高可能对创新与生产效率产生的影响。提高专利费用标准实际上将降低不良专利申请的净预期收益，可防止不良专利申请被驳回后产生的费用成本损失，并可能增加专利申请人在决定是否申请专利前的现有技术检索强度。而专利申请前的现有技术检索强度的增加，实际上是有利于专利申请人事前更好地评估该专利申请是否能获得授权的准确性的，也因此可以通过较高的费用水平的事前调节作用，避免垃圾专利申请进入专利系统。对垃圾专利申请的审查及后续的授权可能会减损社会福利，而这种高标准的费用政策可能会提高社会福利水平。可见，不同阶段的专利费用政策对研发投资和申请专利的动机的影响可能不同，有些阶段其影响大些，而有些阶段其影响可能小些。

企业是技术创新的主体力量，不同类型企业的专利申请行为对专利费用的敏感程度不一样，不同的专利费用结构对不同类型企业专利申请行为的影响并不明确。因此，我国在《知识产权强国建设纲要

（2021—2035 年）》和《"十四五"国家知识产权保护和运用规划》中进一步提出和明确了激发创新活力、推动知识产权高质量发展的要求下，有必要从理论上厘清如何通过对专利费用结构的优化调整，抑制低质量专利申请的提交，促进企业积极进行高质量专利申请。基于此，本章通过成本收益博弈分析，探讨了专利费用结构对不同类型企业专利申请策略的影响。通过上策均衡分析，求解得出高质量专利申请策略下所对应的专利费用结构，并结合不同的创新发展水平与市场竞争环境对专利费用结构进行了详细的讨论。最后，以促进高质量专利申请为优化目标，针对我国现行的专利费用制度提出了相应的完善建议，以推动我国专利制度的高质量运行。

7.1　专利费用政策的结构

　　早期专利费用主要是为了弥补专利审查的支出，费用标准的确立和调整主要考量的因素较为单一，即专利审查的实际支出、其他国家专利费用标准及申请人的负担能力。如最早实施专利制度的英国在 1852 年将专利申请费由 300 英镑大幅降低为 25 英镑，1883 年再次由 25 英镑降低为 4 英镑；美国 1793 年将专利申请费由 5 美元大幅增加到 30 美元。大幅调低或调高专利费用的政策是为了使专利费用与审查成本支出达到平衡。由于专利申请量较少，早期的专利审查工作并未出现负荷超载的现象，单一政策目标下的专利费用也未在政策实践中被用作主要的政策工具使用。专利费用政策在经历了早期的实践探索之后，随着专利申请量的增长和专利局超载运行现象的出现，全球主要专利系统纷纷对各自的费用政策体系进行改革。专利费用政策逐渐走出了单一政策目标的发展模式，各专利系统普遍将费用政策作为改善专利系统运行绩效的政策工具，其发展呈现出较为明显的共同趋势。首先，专利系统运行资金出现自筹化的趋势。除了欧洲专利局从成立之时即采用通过收取专利费用作为其运行的主要资金来源，日本、英国、澳大利亚、韩国和美国等也先后自筹资金成立了专利局。由此，全球主要专利系统出现了明显的资金自筹化的发展趋势，这种自筹资金的专利局实现了费用标准调整的及时性。其次，专利费用调整走向灵活化的趋势。近年来，由于自筹资金的专利局拥有了费用设置和调整权，基于专利系统运行环境的变化，全球主要专利系统频繁调整专利费用政策。最后，专利费用的政策工具化运用越来越普遍。在专利费用政策频繁调整的背后，不仅是补足运行资金的考虑，也是政策需求的考量，如日本特许厅在对申请人提出实审请求的动机进行调研后，为了减少实审请求的滥用，屡次调高实审请求费标准。同样，美国专利商标局近年来不断提高授权前费用标准，除了满足不断上涨的运行成本的需求，更是出于抑制不断增加的专利申请量的政策考量。可见，全球主要专利系统的专利费用政策已由单一政策目标走向了更为复杂和多元目标驱动的政策工具运用阶段。

然而，具有共同发展趋势的专利费用政策改革实践，并没有使专利费用的结构和标准趋于一致，而是在多目标作用下走向了异质化，各专利系统的费用标准和结构存在较大差异。为了说明这一问题，本书通过各专利局的官方网站收集了包括中国、美国、欧洲、日本、韩国、英国、德国、法国、澳大利亚、印度、加拿大、匈牙利、比利时、荷兰、瑞士在内的全球 15 个国家和地区的专利局的现行专利费

用数据，并进行比较分析。在费用计算标准方面，假设专利申请需要
3 年时间批准，因此授权后的维持费为第 4 年至第 20 年的费用总额；
在计算欧洲专利的维持费总额时，假设一项欧洲专利指定了常用的英
国、法国、德国、意大利这四国产生的维持费用。在数据处理方面，
为了对各专利系统的费用标准进行比较，使用所有费用换算成人民币
后的绝对费用值，以此为基础对各专利系统的费用总额，以及授权前
和授权后的费用标准进行了比较。经过比较发现，在绝对费用的标准
和结构上，各专利系统存在较大的差异，没有典型的专利费用结构。
就费用总额的绝对值来说，欧洲专利是最昂贵的专利系统，匈牙利、
德国、印度的费用总额也较高，瑞士、英国和比利时的费用很便宜。
进一步地，为了对各专利系统的费用结构进行比较，计算了费用总额
的绝对值除以各专利系统有效区域内的人均国内生产总值后的相对值
（取 2019 年人均国内生产总值计算），以此为基础对各专利系统授权
前和授权后的费用结构进行分析。如果在授权前费用和授权后费用中
分别取最低或最高费用的前四分之一来计算"低"或"高"费用，
会发现专利费用在一些典型的专利系统中存在较明显的"前高后高"
"前低后低""前高后低"和"前低后高"四种费用结构。

高度异质性的费用结构表明，不存在典型的费用结构，在不同的
政策需求和目标作用下，不同费用结构的政策选择可能带来不同的政
策效应。

目前，实行专利制度的国家通行的做法是通过制定统一的专利费
用标准，确定固定的专利费用结构。这种模式存在的问题就是，专利
费用政策的结构是固定的，当需要根据专利制度运行环境对专利费用
政策的结构进行调整时，需要通过一系列的行政程序或法律程序，这
就使得这种专利费用政策在调整机制上不够灵活。那么，基于专利申

请质量和授权专利质量的改进，可以采用由专利申请人选择的专利费用政策结构，即在专利费用政策中确立两种不同的专利费用标准，低标准的专利费用政策对应的是正常的专利审查及通过授权后的普通专利效力，而高标准的专利费用政策对应的是更高标准的专利审查和通过授权后的更高效力的专利权。对更高效力的专利权而言，如果没有确切的相反的证据表明授权错误，将很难否定专利权的效力。但对普通审查程序授权的专利权，任何人可以随时对这种专利权提出效力挑战。这种供专利申请人选择的专利费用政策，通过对影响专利申请人的行为进一步影响专利审查的质量，这样的政策在费用结构的调整上具有较强的灵活性，可能会减少专利申请总数。因为在均衡情况下，只有高价值创新成果的专利申请人才会选择使用高标准的专利费用政策来获得更为稳定的专利权，而那些选择使用低标准专利费用政策的专利申请人提交的专利申请，更可能是可疑的专利申请。

7.2 专利费用政策的结构效应

7.2.1 专利授权前费用的效应

理论上，专利授权前费用是专利申请人考虑是否申请专利的成本性因素之一，因而会对专利申请倾向产生直接的影响。最早，Adams开创性地运用计量经济学模型对 1959—1991 年间美国年度专利申请数据进行了研究，发现专利申请量增长的弹性系数为 -0.12。Landes

和 Posner 运用 1960—2001 年间美国专利申请数据再次进行了研究，得到的弹性系数为 −0.03。随后几年，关于专利数量的弹性系数估计的研究达到了高峰，De Rassenfosse 和 Van Pottelsberghe 更是从不同的角度估算出弹性系数为 −0.5、−0.4（长期弹性）和 −0.12（短期弹性）。这些研究表明，专利授权前费用是可用的政策工具，费用的调整会对专利申请量产生直接的调节效应。进一步的问题是，专利费用的调整是否会对不同质量专利的申请倾向产生影响呢？Picard 和 Van Pottelsberghe 最早揭示了授权前专利费用影响专利申请人决策的过程，高费用会引发企业申请专利时的"自然选择"：低质量的专利申请会因为成本太高、授权可能性较低而被放弃，虽然提高专利费用也会提高高质量专利申请的成本，但专利申请人支付专利费用的意愿会随着申请专利的创新价值的提高而提高，提高专利费用标准对高质量的专利申请影响较小。为了支持这一研究结论，De Rassenfosse 和 Jaffe 通过研究美国 1982 年专利法修正案大幅提高专利申请费用前后专利质量的变化，发现专利申请费用的大幅提高，使质量最低的五分之一专利中，被过滤的比例达到 24%～30%。因此，专利授权前费用对专利申请质量同样产生直接的调节效应，也就是说，如果采取高专利授权前费用标准，不仅会控制专利申请数量，而且会对低质量专利申请产生直接的抑制效应，而对高质量专利的申请倾向影响较小。

　　那么，从专利系统传导的角度看，受费用政策影响的专利申请数量和质量又是影响专利局审查积压的两个主要因素，尤其是在专利局审查资源有限的情况下，这种传导效应会更加明显。如果大幅调低授权前专利费用标准，专利申请数量会增多，增多的专利申请中低质量专利申请的比例会提高，而拒绝低质量专利申请要比授权高质量专利申请需要花费更多的资源和时间投入，从而带来了专利局审查积压和负担的加重。专利局审查积压受费用政策作用而加重的情况，会带来两个方面的间接效应：其一，专利申请在专利局排队等待的时间会变长，从而产生专利审查周期的延长效应；其二，在"去库存"政策导向下，专利局往往会选择效率更高的快速授权策略，从而出现更高的错误授权偏差和更低的专利审查质量。专利审查周期的延长降低了专利系统运行的效率，使得处在专利申请过程中悬而未决的状态延长，降低了专利申请人及其竞争者的研发和市场预期，当专利申请人策略性地主动利用审查延迟时，还会因延迟带来的不确定性阻碍正常的市场竞争。同时，获权延迟使得专利权人利用专利权实现获利的时间有所减少，减损了专利系统对研发的激励，尤其是对高质量研发的激励。而错误授权的低质量专利会造成专利许可成本的额外提高，尤其是非经营实体通过利用低质量专利的诉讼威胁收取额外的许可费。为了消除低质量专利造成的竞争障碍，启动无效或撤销程序等纠错机制来剔除低质量专利也会造成竞争者的无谓成本和公共资源的无谓损耗。低质量专利的风险还会对创新者的商业合作产生负面影响，导致投资机会的减少和竞争机制的扭曲，累积的低质量专利甚至可能引发专利系统低质量"恶性循环"运行的风险，形成低质量专利的交互激励和成倍累积效应，从而阻碍创新。

7.2.2 专利授权后费用的效应

专利维持费是专利获得授权后专利权人为了维持专利有效每年（美国为每三年）需要缴纳的费用，可作为专利权人决定是否以及何时放弃专利权的成本考虑因素，对专利维持倾向产生直接的影响。专利维持费标准设置得过高，会使得高价值的专利过早地进入公有领域，减损专利系统的激励效应；而专利维持费标准设置得过低，又会使得对专利权人已经没有经济价值的专利延迟进入公有领域，增加了后续创新的成本。对专利维持费政策效应的研究，早期的 Schankerman 和 Pakes 认为维持费是专利权人考虑是否放弃专利权的主要因素，并使用了 1950—1981 年英国、法国、德国三国专利维持数据估算维持费的弹性系数，发现维持费用对维持量的弹性系数约为 -0.2。进一步地，Danguy 和 Van Pottelsberghe 利用 15 个欧洲国家以及美国和日本的专利维持数据对维持费的政策效应进行了更全面的实证研究，发现维持费的隐含费用弹性系数的绝对值随着时间的推移而机械地增加，在第 6 年为 -0.03，第 10 年为 -0.08，第 15 年为 -0.25，第 20 年为 -0.80。同样地，专利维持费对不同质量的专利维持倾向是否也有不同的影响呢？早期，Scotchmer 的研究认为，由于低质量专利往往也是低价值专利，尤其是非市场因素驱动的专利申请，对专利维持费更为敏感，专利维持费具有对已经授权的低质量专利的剔除效应。过低的维持费会因低质量专利的维持时间变长而扩大其对社会福利造成的损害，提高维持费的标准有助于减少这种危害。最新的研究更是表明，当非经营实体持有低质量专利时，往往会策略性地选择在专利维持的后期对市场中的"侵权者"发起侵权诉讼，从而加重了低质量专利对竞争的扭曲和对创新的阻碍。

可见，无论是授权前的专利费用，还是授权后的专利费用，都是通过直接影响专利申请人、专利权人的行为倾向，进而对专利局的行为倾向以及专利系统的整体运行产生间接影响效应。不同结构的专利费用体系，产生的直接效应以及由此通过专利系统的运行传导引发的间接效应不同。因此，专利费用不仅具有补偿专利局运行成本的作用，更具有丰富的政策含义，是当前缓解审查积压和改进专利系统运行的政策工具之一。专利授权前费用通过直接影响专利申请倾向，间接传导到专利审查系统，通过对专利申请数量和专利申请质量的直接调节效应，对专利审查系统中的审查积压产生了间接影响，从而进一步影响专利审查周期，以及专利授权倾向及其影响下的专利审查质量，进而带来竞争和研发的间接效应。而专利授权后费用通过直接影响专利维持倾向，间接传导到专利授权后的维持系统，通过对专利授权后的维持率的直接调节效应，对不同质量的专利维持比例产生影响，进而也带来了竞争和研发的间接效应。

那么，针对政策实践中存在的"前高后高""前高后低""前低后低"和"前低后高"四种不同的专利费用结构，其产生的结构效应存在差异。正是由于不同阶段的专利费用均具有积极和消极的双重效应，而这些双重效应借助于专利系统的运行在不同的环节之间相互作用和传导，从而形成了复杂的专利费用结构效应，这也正是实践中各专利系统的费用政策和结构存在异质化的主要原因之一。具体来说，当采用"前低"的费用标准时，会激励出更多的低质量专利申请，加重专利局的审查积压，从而造成审查周期的延长和审查质量的降低，进而降低专利系统的可预期性、减少专利权人的获利、阻碍或扭曲市场竞争、带来社会福利的无谓损失、阻碍创新，甚至导致专利系统低质量"恶性循环"。当采用"前高"的费用标准时，虽然因费用负担的加重提高了专利系统的使用成本和边际专利申请质量的阈值，但由于高质量专利申请对高费用的敏感程度较低，当专利局出现专利积压和拥挤的情况时，在改善专利申请质量事前自我评估机制、减轻低负担能力者的使用成本的基础上，实施较高的授权前费用标准是最优的政策选择。由于低质量专利对维持费的敏感度更高，当采取"后低"的费用标准时，会不当延长低质量专利的维持时间，进而加重低质量专利的危害，扩大低质量专利对创新的阻碍和对社会福利的减损效应。当采用"后高"的费用标准，尤其是在专利权维持前期采用较高的维持费用标准时，虽然能促使低质量专利被及早放弃，但也会使得具有市场延迟实施效应的高质量专利在缺乏有效评估和预见的情况下被过早放弃，带来专利系统激励创新效应的减损。

实际上，专利费用政策与专利审查政策在低质量专利抑制和筛除方面存在相互联系的关系，尤其是对自筹资金的专利局来说，专利审查员的授权倾向受到专利局制定的审查员激励措施的影响，而审查员在哪个行业授予多少专利权，直接决定了该自筹资金的专利局通过专利费用政策实施收到的专利权维持费的多少。进一步地，自筹资金的专利局收到的专利维持费的多少，又决定了专利局有多大的财力支持对审查员的激励。尽管各国专利申请和审查程序的规定大体上一致，但依然存在不同的制度设计（如第三方参与的时机、实质审查的启动、费用的标准和设计等）。尤其是专利申请和审查程序的运作方面存在很大的异质性，而这种异质性很难比较，如授权率、积压程度、待审时间等，在难以比较的情况下，研究专利制度的质量非常有意义。而专利制度的质量不同于专利质量，两者相关，存在互动效应，但又存在差异，是两个不同的概念。

除了费用政策对低质量专利申请的抑制作用，审查员个体的差异也会对低质量专利的筛除产生影响。专利审查员之间存在个体差异，包括检索和引用、授权倾向、对权利要求的限制等方面。有效的激励措施能在一定程度上改善这种差异带来的对低质量专利筛除绩效的影响。对审查员的激励非常有必要，因为审查员和专利局的目标不一样，而审查员的知识能力和努力程度属于私人信息，专利局很难知悉和评估，在信息不对称性的情况下，为了激励审查员做出符合专利局目标的行为，有必要对其进行激励。但对审查员的激励机制很难设定，有数量和质量两种设定方式，但两者存在冲突，审查员若投入更多的精力进行检索以提高审查质量就会减少处理的专利申请的数量。数量指标很容易考核，而质量指标很难设定，审查员的审查质量很难被评估（更高级的审查员也只能主观评估，更多的是专利授权被质疑后是否被否定的事后评估），只能通过隐形合同来实现，而隐形合同基于专利局对审查员审查质量的事后评估（授权后更多的信息出现，包括其他人提出的专利无效宣告请求过程中出现的信息）的奖励，这种隐形合同的激励方式建立在审查员对专利局信任的基础上。在信息不对称的条件下，数量的显性激励是有效的，但过于注重数量的显性激励，会使审查员过于追求数量的个人目标，对团队造成损害，也会不当地激励审查员的授权倾向，因此不应过分强调量化激励。

另外，存在使审查员流向外部私营机构的激励。如果审查员内部薪酬的激励不足，在流向外部私营机构的激励作用下，审查员会采取策略性行为，从而影响其授权的倾向。审查员在专利局工作的时间越长，流向外部的激励作用越弱，越可能追求高质量的审查和减少授权倾向。除了在专利局的工作时间，外部激励效应还受到很多因素的影响，如技术领域、审查员级别、晋升机会等。在自筹资金的专利局，专利审查员的行为会在一定程度上决定专利局的营收，而专利局的营收又会在一定程度上决定对专利局的审查员实施何种激励机制。因此，专利费用政策结构的优化，需要考虑专利系统运行中与审查员激励制度的相互响应和配合，不同标准的专利费用政策水平对应不同的审查员激励机制，专利申请端和专利审查端的政策配合，共同实现抑制和筛除低质量专利的政策目标。

需要注意的是，在专利系统运行的过程中，专利局通过设置专利费用的结构和采取不同的授权策略，对专利费用的政策功效产生影响。不同类型的专利局在面临审查积压带来的审查负担加重时，可采取的政策手段和费用政策目标不同。财政拨款类专利局，当专利审查负担超过拨款预算时，为了节省审查成本的支出以应对预算限制，往往会通过压缩审查周期和快速授权的方式缓解审查负担；而自筹资金类专利局，当专利局出现超载现象，专利费用不能有效覆盖专利审查成本时，专利局除了采取压缩成本的审查策略，往往还会通过专利费用结构的调整，如提高授权后费用的方式，来增加专利局收入。也就是说，不同类型的专利局在自我政策需求和政策目标的驱动下，可能会在政策选择上偏离社会福利最大化的最优专利费用结构。由此，为了充分发挥专利费用的政策工具效应，在专利费用结构的政策选择上，应尽量克服专利局自我政策需求对政策决策产生的负面影响。

7.3　博弈模型的构建与均衡分析

7.3.1　博弈模型的构建

博弈模型的构建基于如下假设。

（1）博弈模型的构建涉及两类参与主体，即技术创新能力强的企业和技术创新能力弱的企业，且属于同一技术领域，分别用符号 A 和 B 表示。

（2）参与主体的行为策略集均为（高质量专利申请，低质量专利申请）。

（3）本节的低质量专利申请是指专利价值相对较低的专利申请。

（4）两类企业的专利申请数量相同，且本节仅就能被授予专利权的专利申请进行讨论。

（5）企业在进行专利申请前，需要进行技术创新，付出一定数额的研发投入成本，用 I 表示。不同类型的企业在采取不同的申请策略（高质量专利申请或低质量专利申请）时，所支出的研发投入成本不同。对于创新能力强的企业，在进行高质量专利申请时，研发投入成本记作 I_1。对于创新能力弱的企业，在进行高质量专利申请时，因其研发属于突破式创新，所以需要支出的研发投入成本更高，记作 I_2。两类企业进行低质量专利申请的研发投入成本近似相等，记作 I_3。显然有 $I_2 > I_1 > I_3$。

（6）专利费用包含两部分，专利申请费用 F_a 和专利维持费用 F_m。高质量专利申请的申请费用为 F_{a_1}，低质量专利申请的申请费用为 F_{a_2}；高质量专利的维持费用为 F_{m_1}，低质量专利的维持费用为 F_{m_2}。由于专利申请费的多少与权利要求数和说明书页数相关，而维持费与维持时间相关，那么，假设高质量专利申请的权利要求数及说明书页数大于低质量专利申请，且高质量专利的维持时间大于低质量专利。显然有 $F_{a_1} > F_{a_2}$，且 $F_{m_1} > F_{m_2}$。

（7）假设技术创新能力强的企业和技术创新能力弱的企业都有利用研发成果增强企业市场竞争力的意愿，因此，技术创新的市场收益 M 受到市场竞争环境的影响。当技术创新能力强的企业和技术创新能力弱的企业均进行高质量专利申请时，两类企业的市场收益均为 M_1。当技术创新能力强的企业和技术创新能力弱的企业中一方进行高质量专利申请而另一方进行低质量专利申请时，高质量专利会抢占低质量专利的市场份额。进行高质量专利申请的企业的市场收益为 M_2，进行低质量专利申请的企业的市场收益为 M_3。当技术创新能力强的企业和技术创新能力弱的企业均进行低质量专利申请时，两类企业的市场收益均为 M_4。显然有 $M_2 > M_1 > M_4 > M_3$。

（8）其他收益为 G。

基于上述假设，构建技术创新能力强的企业与技术创新能力弱的企业之间博弈双方的支付收益矩阵，如表 7-1 所示。

表 7-1 博弈双方的支付收益矩阵

博弈矩阵		技术创新能力弱的企业	
		高质量专利申请	低质量专利申请
技术创新能力强的企业	高质量专利申请	$(M_1 + G - I_1 - F_{a_1} - F_{m_1} ,$ $M_1 + G - I_2 - F_{a_1} - F_{m_1})$	$(M_2 + G - I_1 - F_{a_1} - F_{m_1} ,$ $M_3 + G - I_3 - F_{a_2} - F_{m_2})$
	低质量专利申请	$(M_3 + G - I_3 - F_{a_2} - F_{m_2} ,$ $M_2 + G - I_2 - F_{a_1} - F_{m_1})$	$(M_4 + G - I_3 - F_{a_2} - F_{m_2} ,$ $M_4 + G - I_3 - F_{a_2} - F_{m_2})$

7.3.2 博弈模型的均衡分析

根据上策均衡的定义，对博弈模型可能存在的上策均衡进行如下分析。

（1）若（高质量专利申请，高质量专利申请）为上策均衡，则需满足如下条件：

$$\Delta F_a + \Delta F_m < (M_1 - M_3) - (I_1 - I_3)$$

$$\Delta F_a + \Delta F_m < (M_2 - M_4) - (I_1 - I_3)$$

$$\Delta F_a + \Delta F_m < (M_1 - M_3) - (I_2 - I_3)$$

$$\Delta F_a + \Delta F_m < (M_2 - M_4) - (I_2 - I_3)$$

其中，$\Delta F_a = F_{a_1} - F_{a_2}$，$\Delta F_m = F_{m_1} - F_{m_2}$。

即当高质量专利申请费用与低质量专利申请费用的差值和高质量专利维持费用与低质量专利维持费用的差值之和较小时，（高质量专利申请，高质量专利申请）为上策均衡。

此时专利费用结构可从以下三种情况进行讨论。

1) ΔF_m 不变，ΔF_a 较小。这种均衡的含义是，当高质量专利申请费用与低质量专利申请费用的差值较小时，技术创新能力强的企业与技术创新能力弱的企业均进行高质量专利申请。分为以下两种情形进行讨论。

若提升低质量专利的申请费用，则高质量专利的申请费用与低质量专利的申请费用均处于较高水平。此时，社会的科技创新能力可能处于高质量发展的瓶颈期，市场对于高质量技术的需求较高。在这种情况下，政府希望通过较高的专利申请费用抑制低质量的专利申请，以促进该技术领域的高质量发展。较高水平的专利申请费用由于会对创新主体的专利行为产生影响，因此能有效地抑制低质量专利申请的提交。所以，在申请费用较高的情况下，一方面，技术创新能力强的企业在进行专利申请战略布局时，会更谨慎地考虑其成本支出，减少或避免进行低质量专利申请，将企业的全部精力投入高质量研发；另一方面，对于技术创新能力弱的企业，申请费用的提升，更能刺激其提升研发能力，积极促进创新能力高质量发展。

若降低高质量专利的申请费用，则高质量专利的申请费用与低质量专利的申请费用均处于较低水平。此时，社会的科技创新能力可能处于快速上升阶段，企业所处的市场环境较为活跃。在这种情况下，政府希望通过较低的进入门槛鼓励不同创新主体进行更多的发明创造。由于在未进行实质审查时，企业或专利行政部门难以准确地辨别专利申请质量的好坏，仅以申请费用的高低作为进入门槛存在一定的技术选择弊端。因此，在申请费用较低的情况下，一方面，对于技术创新能力强的企业，专利申请费用的降低可能会激励更多的费用敏感型企业积极进行专利申请，而非采取商业秘密的形式对技术方案进行保护；另一方面，对于技术创新能力弱的企业，专利申请费用的降低，可能会鼓励更多的企业提交专利申请，积极参与社会创新竞争，有助于企业的快速发展。

2) ΔF_a 不变，ΔF_m 较小。这种均衡的含义是，当高质量专利维持费用与低质量专利维持费用的差值较小时，技术创新能力强的企业与技术创新能力弱的企业均进行高质量专利申请。分为以下两种情形进行讨论。

若提升低质量专利的维持费用，则高质量专利的维持费用与低质量专利的维持费用均处于较高水平。此时，社会的科技创新能力可能处于快速发展阶段，市场竞争环境较为激烈。在这种情况下，政府希望通过较高的专利维持费用对高质量专利进行选择，抑制"专利丛林"和"专利流氓"对创新发展的阻碍作用。维持成本的提高，一方面，能够及时地淘汰低质量专利；另一方面，相关专利的维持信息也能有效地避免企业进行后续的低质量专利申请。因此，在维持费用较高的情况下，一方面，对于技术创新能力强的企业，维持费用的增加主要对一些边际专利申请产生作用，抑制低质量专利的申请，对高质量专利申请的影响较小；另一方面，对于技术创新能力弱的企业，专利权的维持成本高于专利申请的预期市场收益，会抑制其对低质量专利的申请，激励企业积极地开展高质量研发活动，走高质量发展道路。

若降低高质量专利的维持费用，则高质量专利的维持费用与低质量专利的维持费用均处于较低水平。此时，社会的科技创新能力可能处于高速发展阶段，市场环境活跃，能充分发挥其选择功能。在这种情况下，政府希望通过降低高质量专利的维持费用来减轻企业对创新成果的维护负担，以激励企业不断地进行高质量发明创造。过于严格的专利维持费用的杠杆作用，可能会影响专利权人对其持有的高价值专利进行有效的选择。对于专利持有量多或资金较为紧张的企业来说，经济负担过重可能会对其创新激励带来负面影响。因此，在维持费用较低的情况下，一方面，对于技术创新能力强的企业，其高质量专利的持有数量相对较多，高质量专利维持费用的降低会大幅度减少专利成本，进一步激励其发明创造能力，不断提升高质量发展水平；另一方面，对于技术创新能力弱的企业，合理的维持费用会减轻其后续的专利权维护负担，以激励企业将更多的资金用于高质量的研发活动中，进行高质量专利申请。

3）ΔF_a 与 ΔF_m 均较小。这种均衡的含义是，当高质量专利申请费用与低质量专利申请费用的差值以及高质量专利维持费用与低质量专利维持费用的差值均较小时，技术创新能力强的企业与技术创新能力弱的企业均进行高质量专利申请。分为以下四种情形进行讨论，见表7-2。

表7-2 ΔF_a 与 ΔF_m 均较小时申请费与维持费的不同情形

费用结构分析		高质量专利申请	低质量专利申请
情形1	申请费用	高	高
	维持费用	高	高
情形2	申请费用	高	高
	维持费用	低	低
情形3	申请费用	低	低
	维持费用	高	高
情形4	申请费用	低	低
	维持费用	低	低

若提升低质量专利的申请费用与维持费用，则高质量专利与低质量专利的申请费用与维持费用均处于较高水平。此时，社会的科技创新能力处于高质量发展阶段，市场空间大，收益状况好。在这种情况下，政府一方面希望通过较高的申请费用与维持费用严格地抑制低质量专利的产生，另一方面鼓励专利权人及时地将研究成果进行市场转化，促进创新成果在相关技术领域的进一步应用与发展。由于社会的整体创新能力较强，市场环境较好，较高水平的专利申请费用与维持费用具有明确的创新发展导向作用。因此，在申请费用与维持费用均较高的情况下，一方面，对于技术创新能力强的企业，进行高质量专利申请能充分地利用良好的市场环境，不断创收并进入高质量发展的良性循环；另一方面，对于技术创新能力弱的企业，专利申请费用与维持费用的提升也会抑制其低质量专利申请行为，激励企业积极地进行高质量研发活动，适应社会发展状态，进行高质量专利申请。

若提升低质量专利的申请费用，降低高质量专利的维持费用，则高质量专利的申请费用与低质量专利的申请费用均处于较高水平，维持费用均处于较低水平。此时，社会的科技创新能力可能处于高速发展阶段，市场对高质量技术的需求较高。在这种情况下，政府希望通过较高的专利申请费用以抑制低质量专利申请，同时通过降低高质量专利的维持费用，减轻企业维护创新成果的经济负担。较高的申请费用能对专利申请质量起到把控作用，较低的维持费用能激励企业继续进行高质量发明创造。因此，在申请费用较高、维持费用较低的情况下，一方面，对于技术创新能力强的企业，专利权维持成本的减少，有利于其将资金用于进一步的技术研发活动，推动高质量专利的持续产出；另一方面，对于技术创新能力弱的企业，申请费用的提升对低质量专利申请行为起到了抑制作用，并且进行高质量专利申请时企业的收益更大，创新能力弱的企业也会走向高质量发展道路。

若降低高质量专利的申请费用，提升低质量专利的维持费用，则高质量专利的申请费用与低质量专利的申请费用均处于较低水平，维持费用均处于较高水平。此时，社会的科技创新能力可能处于快速上升阶段，市场竞争环境较为激烈。在这种情况下，政府希望通过较低的进入门槛鼓励不同创新主体进行更多的发明创造，同时通过较高的专利维持费用对高质量专利进行选择。由于较低的申请费用能增加专利申请倾向，而较高的维持费用能有效剔除低质量专利，从而向创新主体发出相关信号，抑制低质量专利申请的提交。因此，在申请费用较低、维持费用较高的情况下，一方面，对于技术创新能力强的企业，高质量专利申请费用的降低可能会激励企业更积极地采取专利的方式对技术进行保护，同时，维持费用的提升主要对低质量专利的影响较大，对高质量专利的影响较小；另一方面，对于技术创新能力弱的企业，专利申请费用的降低可能会鼓励企业积极进行专利申请，同时由于维持费用的提升，高质量专利申请的收益大于低质量专利申请，企业也更愿意进行高质量发明创造。

若降低高质量专利的申请费用与维持费用，则高质量专利与低质量专利的申请费用与维持费用均处于较低水平。此时，社会的科技创新能力可能处于发展初期，市场环境活跃，能充分发挥其选择功能。在这种情况下，政府希望通过较低的专利申请费用和维持费用激励企业积极参与创新活动，推动该技术领域创新成果的不断输出。较低的申请费用和维持费用在很大程度上减轻了高质量专利申请的经济负担，能有效鼓励研发活动活跃而资金紧张的企业积极对高质量发明创造采取专利保护手段。因此，在降低高质量专利申请费用和维持费用的情况下，一方面，对于技术创新能力强的企业，专利申请与维持成本的降低可能会鼓励企业将更多的资金投入进一步的研发工作，持续进行高质量专利申请的提交；另一方面，对于技术创新能力弱的企业，进行高质量专利申请的收益更大，在市场环境活跃的情况下，能有效吸引企业进行高质量专利申请。

将上述上策均衡分析结果进行汇总，见表 7-3。

表 7-3　不同创新主体专利申请策略的上策均衡分析

上策均衡	费用结构		创新环境	市场竞争环境
（高质量专利申请，高质量专利申请）	ΔF_m 不变，ΔF_a 较小	F_{a_1} 和 F_{a_2} 都高	高质量发展的瓶颈期	对高质量技术的需求较高
		F_{a_1} 和 F_{a_2} 都低	快速上升阶段	市场环境较为活跃
	ΔF_a 不变，ΔF_m 较小	F_{m_1} 和 F_{m_2} 都高	快速发展阶段	市场竞争环境较为激烈
		F_{m_1} 和 F_{m_2} 都低	高速发展阶段	市场环境活跃，能充分发挥其选择功能
	ΔF_a 与 ΔF_m 均较小	F_{a_1} 和 F_{a_2} 都高，F_{m_1} 和 F_{m_2} 都高	高质量发展阶段	市场空间大，收益状况好
		F_{a_1} 和 F_{a_2} 都高，F_{m_1} 和 F_{m_2} 都低	高速发展阶段	对高质量技术的需求较高
		F_{a_1} 和 F_{a_2} 都低，F_{m_1} 和 F_{m_2} 都高	快速上升阶段	市场竞争环境较为激烈
		F_{a_1} 和 F_{a_2} 都低，F_{m_1} 和 F_{m_2} 都低	发展初期	市场环境活跃，能充分发挥其选择功能

（2）若（高质量专利申请，低质量专利申请）为上策均衡，则需满足如下条件：

$$\Delta F_a + \Delta F_m < (M_2 - M_4) - (I_1 - I_3)$$

$$\Delta F_a + \Delta F_m < (M_1 - M_3) - (I_1 - I_3)$$

$$\Delta F_a + \Delta F_m > (M_1 - M_3) - (I_2 - I_3)$$

$$\Delta F_a + \Delta F_m > (M_2 - M_4) - (I_2 - I_3)$$

根据不等式约束条件，还需满足如下条件：

$$(M_1 - M_3) - (M_2 - M_4) < I_2 - I_1$$
$$(M_1 - M_3) - (M_2 - M_4) > I_1 - I_2$$

即当高质量专利申请费用与低质量专利申请费用的差值和高质量专利维持费用与低质量专利维持费用的差值之和在一定的范围内时，（高质量专利申请，低质量专利申请）为上策均衡。此时，对技术创新能力强的企业来说，提交高质量专利申请的收益更大，较高的申请费用或维持费用能抑制其低质量专利申请的提交。对技术创新能力弱的企业来说，提交低质量专利申请的收益更大，较高的申请费用或维持费用抑制了其高质量专利申请的提交。这种均衡状态不利于激发技术创新能力弱的企业的研发积极性，同时难以实现专利申请质量总体水平的提高。

（3）若（低质量专利申请，高质量专利申请）为上策均衡，则需满足如下条件：

$$\Delta F_a + \Delta F_m > (M_1 - M_3) - (I_1 - I_3)$$
$$\Delta F_a + \Delta F_m > (M_2 - M_4) - (I_1 - I_3)$$
$$\Delta F_a + \Delta F_m < (M_2 - M_4) - (I_1 - I_3)$$
$$\Delta F_a + \Delta F_m < (M_1 - M_3) - (I_2 - I_3)$$

根据不等式约束条件，还需满足如下条件：

$$(M_1 - M_3) - (M_2 - M_4) > I_2 - I_1$$
$$(M_1 - M_3) - (M_2 - M_4) < I_1 - I_2$$

由于 $I_2 > I_1$，因此该上策均衡不存在。

（4）若（低质量专利申请，低质量专利申请）为上策均衡，则需满足如下条件：

$$\Delta F_a + \Delta F_m > (M_2 - M_4) - (I_1 - I_3)$$
$$\Delta F_a + \Delta F_m > (M_1 - M_3) - (I_1 - I_3)$$
$$\Delta F_a + \Delta F_m > (M_2 - M_4) - (I_2 - I_3)$$
$$\Delta F_a + \Delta F_m > (M_1 - M_3) - (I_2 - I_3)$$

即当高质量专利申请费用与低质量专利申请费用的差值和高质量专利维持费用与低质量专利维持费用的差值之和较大时，（低质量专利申请，低质量专利申请）为上策均衡。此时，不论是对技术创新能力强的企业还是技术创新能力弱的企业来说，提交低质量专利申请的收益更大，因为过高的申请费用或维持费用抑制了所有企业提交高质量专利申请的积极性。一方面，可能会导致企业对高质量的发明创造采取商业秘密的形式进行保护；另一方面，也可能会打击企业开展研发活动的积极性，难以有效激励高质量专利申请的产出。

7.4 相应的政策含义与完善建议

本章通过博弈模型对不同的上策均衡状态进行了理论分析，探讨了专利费用结构对不同创新主体专利申请策略的影响。从本章的分析结果可知，专利费用结构的调整，主要通过高质量专利与低质量专利的申请费用差值与维持费用差值之和对不同创新主体申请策略产生影响。专利申请费用差值与专利维持费用差值之和的不同调整方式会对企业的成本收益带来不同的影响，从而改变不同创新主体专利申请的行为倾向。因此，可以通过对专利费用结构的调整，激励不同创新主体积极进行高质量专利申请，并抑制低质量专利申请的提交。综合本章前述的博弈分析，得出以下政策含义。

（1）由于不同的专利费用结构会影响不同创新主体的专利申请倾向，因此，专利费用结构的优化调整是抑制低质量专利申请的有效政策工具。当高质量专利申请费用与低质量专利申请费用的差值和高质量专利维持费用与低质量专利维持费用的差值之和较小时，不论是技术创新能力强的企业还是技术创新能力弱的企业，均倾向于提交高质量专利申请。当高质量专利申请费用与低质量专利申请费用的差值和高质量专利维持费用与低质量专利维持费用的差值之和在一定的范围内时，技术创新能力强的企业倾向于提交高质量专利申请，技术创新能力弱的企业倾向于提交低质量专利申请。当高质量专利申请费用与低质量专利申请费用的差值和高质量专利维持费用与低质量专利维持费用的差值之和较大时，不论是技术创新能力强的企业还是技术创新能力弱的企业，均倾向于提交低质量专利申请。

（2）当（高质量专利申请，高质量专利申请）为上策均衡时，存在多种最优专利费用结构，且不同情形下的最优专利费用结构受多重复杂因素的影响。在面临不同的影响因素时，如政府的宏观经济计划、市场的微观竞争环境以及企业的发展策略等，专利费用结构存在与之相对应的最优费用结构。当社会的科技创新能力处于高质量发展瓶颈期时，对高质量技术的需求较高，所对应的费用结构为较高水平的专利申请费用与一定梯度的专利维持费用。当社会的科技创新能力处于快速上升阶段，市场环境较为活跃，所对应的费用结构为较低水平的专利申请费用与一定梯度的专利维持费用。当社会的科技创新能力处于快速发展阶段，市场竞争环境较为激烈，所对应的费用结构为一定梯度的专利申请费用与较高水平的专利维持费用。当社会的科技创新能力处于高速发展阶段，市场竞争环境活跃，所对应的费用结构为一定梯度的专利申请费用与较低水平的专利维持费用。当社会的科技创新能力处于高质量发展阶段，所对应的费用结构为较高水平的专利申请费用与较高水平的专利维持费用。当社会的科技创新能力处于高速发展阶段，对高质量技术的需求较高，所对应的费用结构为较高水平的专利申请费用与低水平的专利维持费用。当社会的科技创新能力处于快速上升阶段，市场竞争环境较为激烈，所对应的费用结构为较低水平的专利申请费用与较高水平的专利维持费用。当社会的科技创新能力处于发展初期，市场竞争环境活跃，所对应的费用结构为较低水平的专利申请费用与较低水平的专利维持费用。

（3）专利费用结构的调整，会导致博弈均衡发生相应的演化。对专利申请费用或维持费用进行不同方向与幅度的调整，会导致博弈均衡向不同方向演化。对处于（高质量专利申请，高质量专利申请）的上策均衡来说，若增加专利申请费用的差值或维持费用的差值，技术创新能力弱的企业进行低质量专利申请的收益更大，则会导致博弈均衡向（高质量专利申请，低质量专利申请）演化。对处于（高质量专利申请，低质量专利申请）的上策均衡来说，若增加专利申请费用的差值或维持费用的差值，技术创新能力强的企业高质量专利的申请成本或维持成本变大，则会抑制企业提交高质量专利申请的积极性，导致博弈均衡向（低质量专利申请，低质量专利申请）演化。若减小专利申请费用的差值或维持费用的差值，对于技术创新能力弱的企业来说，进行高质量专利申请的收益更大，则会导致博弈均衡向（高质量专利申请，高质量专利申请）演化。对处于（低质量专利申请，低质量专利申请）的上策均衡来说，若减小专利申请费用的差值或维持费用的差值，技术创新能力强的企业进行高质量专利申请的收益更大，则会导致博弈均衡向（高质量专利申请，低质量专利申请）演化。

结合本章的分析结论可知，不同的专利费用结构会导致创新主体具有不同的专利申请倾向，而最优的专利费用结构应激励高质量发明创造进行专利申请，并抑制低质量专利申请。基于此，本章以（高质量专利申请，高质量专利申请）为专利费用结构调整的优化目标，对我国的专利费用制度提出以下完善建议。

（1）提高专利费用标准，尤其是授权前的费用标准，减小专利费用差值。当前我国的专利申请费用标准相对较低，对低质量专利申请的抑制作用有限。为提高专利申请质量的总体水平，应减小高质量专利与低质量专利间的申请费用差值与维持费用差值。一方面，提升专利申请费用与专利维持费用的最低费用标准，使得专利申请费用与维持费用保持较高水平。专利申请成本与维持成本的增加，能有效地抑制低质量专利申请的提交，促使我国逐步向（高质量专利申请，高质量专利申请）均衡演化。另一方面，在进行专利费用结构调整的同时，不能将专利的最大申请成本或维持成本设置得过高，应保持较小的申请费用差值与维持费用差值。在抑制低质量专利申请提交的同时，激励高质量的发明创造积极进行专利申请，避免博弈均衡向（低质量专利申请，低质量专利申请）演化。尤其是大幅提高授权前专利费用标准，使授权前费用覆盖专利审查成本的同时发挥抑制低质量专利申请的政策效应。本书的研究表明，授权前费用不仅对申请量具有弹性，且低质量专利申请对费用更为敏感，提高费用标准对从源头上抑制低质量专利申请倾向具有可用的政策效应，但在费用弹性较小的情况下需要大幅提高授权前费用标准才能产生可观察到的影响。因此，有必要将费用结构中的"前低"调整为"前高"，同时，为了在高费用标准下提高低质量专利申请人的事前评估能力和增加其在申请程序中选择机会，可以实施检索与审查分离的程序，给予申请人在获得检索报告后进一步评估专利申请质量并决定是否进入审查程序的机会。另外，为了降低高费用标准对低负担能力的高质量创新成果拥有者使用专利系统造成的财务压力，应继续保留针对小微企业和个人发明者的专利费用减免政策。

（2）动态调整专利费用结构，建立相应的费用调整机制，保障费用政策强度与创新发展水平相匹配。从前文的博弈分析结果可知，即使处于（高质量专利申请，高质量专利申请）的均衡状态，对于不同的创新发展水平与市场环境，会有与之相对应的最优专利费用结构。因此，应及时对我国所处的创新发展水平与市场环境进行评估，根据不同的经济社会发展阶段，对专利费用结构进行动态调整优化，以提高不同创新主体的专利申请质量。因此，应采取提高专利申请费用的措施，从而有效抑制低质量专利申请的提交，促进博弈均衡向（高质量专利申请，高质量专利申请）演化。但随着我国的科技创新能力逐渐进入高质量发展阶段，还应适时动态调整专利费用结构，从而实现动态影响不同创新主体专利申请倾向的效应。

当前，我国专利费用的调整由财政部和国家发展改革委会同国家知识产权局确定，从本章的研究来看，专利费用的最优政策效应受专利系统运行的动态环境制约，费用标准和结构应随着专利系统运行环境的变化而及时调整。通过合理设置授权后专利费用标准和结构，使授权后费用充分发挥及早剔除低质量专利的政策效应。

参考文献

[1] DAVENPORT N. The United Kingdom patent system: a brief history with bibliography [J]. Rand journal of economics, 2004 (10): 251.

[2] MACLEOD C. Inventing the industrial revolution: the English patent system [M]. Cambridge: Cambridge University Press, 1988.

[3] MOSER P. How do patent laws influence innovation? evidence from nineteenth-century world fairs [J]. National bureau of economic research, 2003 (3): 167.

[4] MACLEOD C, TANN J, ANDREW J, et al. Evaluating inventive activity: the cost of nineteenth century UK patents and the fallibility of renewal data [J]. Economic history review, 2003, 56 (3): 537−562.

[5] HINDMARCH W M. Observations on the defects of the patent laws of the country: with suggestions for the reform of them [J]. Berkeley technology law journal, 2002 (8): 162.

[6] 张韬略. 英美和东亚专利制度历史及其启示 [J]. 科技与法律,

2003 (1): 103-114.

[7] KREMER M. Patent buyouts: a mechanism for encouraging innovation [J]. Quarterly journal of economics, 1998, 113 (4): 1137-1167.

[8] 曾陈明汝. 美国专利制度之理论与实践 [M]. 台北: 三民书局, 1997.

[9] KHAN B Z. The democratization of invention: patents and copyrights in American economic development, 1790-1920 [M]. Cambridge: Cambridge University Press, 2007.

[10] ADAMS K, KIM D, JOUTZ F L, et al. Modeling and forecasting US patent application filings [J]. Journal of policy modeling, 1997, 19 (5): 491-535.

[11] YAMAUCHI I, NAGAOKA S. Complementary reforms of patent examination request system in Japan [C]. [S. l.]: IIR Working Paper, 2008.

[12] MACHLUP F, PENROSE E. The patent controversy in the nineteenth century [J]. Journal of economic history, 1950 (10): 1-29.

[13] GUELLEC D, POTTELSBERGHE B V. The economics of the European patent system: IP policy for innovation and competition [M]. Oxford: Oxford University Press, 2007.

[14] AKERS N J. The European patent system: an introduction for patent searchers [J]. World patent information, 1999, 21 (3): 135-163.

[15] FEDERICO P. Renewal fees and other patent fees in foreign countries [J]. Journal of the patent office society, 1954, 36 (11): 827-861.

[16] WATSON R. Patent office fees and expenses [J]. Journal of the patent office society, 1953, 35 (10): 710-724.

[17] GRAHAM S, MERGES R, SAMUELSON P, et al. High technology entrepreneurs and the patent system: results of the 2008 Berkeley patent survey [J]. Berkeley technology law journal, 2009, 24 (4): 1255-1327.

[18] EATON J, KORTUM S. Trade in ideas patenting and productivity in the OECD [J]. Journal of international economics, 1996, 40 (3): 251-278.

[19] LANDES W M, POSNER R A. An empirical analysis of the patent court [J]. University of Chicago law review, 2004, 71 (1): 111-128.

[20] DE RASSENFOSSE G, DE LA POTTERIE B V P. A first look at the price elasticity of patents [J]. Oxford review of economic policy, 2007, 23 (4): 588-604.

[21] DE RASSENFOSSE G, DE LA POTTERIE B V P. A policy insight into the R&D-patent relationship [J]. Research policy, 2009, 38 (5): 779-792.

[22] MOSER P. Why don't inventors patent? [C]. [S.l.]: NBER Working Papers, 2007, 103 (35): 277-304.

[23] NICHOLAS T. Cheaper patents [J]. Research policy, 2011, 40 (2): 325-339.

[24] SCOTCHMER S. On the optimality of the patent renewal system [J]. Rand journal of economics, 1999, 30 (2): 181-196.

[25] HARHOFF D, WAGNER S. The duration of patent examination at

the European patent office［J］. Management science, 2009, 55
（12）：1969-1984.

［26］ CORNELLI F, SCHANKERMAN M. Patent renewals and R&D
incentives［J］. Rand journal of economics, 1999, 30（2）：
197-213.

［27］ GRILICHES Z. Patent statistics as economic indicators：a survey
［J］. Journal of economic literature, 1990, 28（4）：1661-1707.

［28］ 浦根祥. 试论专利维护成本对企业技术创新的抑制效应［J］.
科学管理研究, 1999（3）：19-21.

［29］ GRANSTRAND O. The economics and management of intellectual
property［M］. Cheltenham：Edward Elgar Publishing, 1999.

［30］ JAFFE A B. Innovation and its discontents：how our broken patent
system is endangering innovation and progress and what to do about it
［M］. Princeton：Princeton University Press, 2006.

［31］ GANS J S, KING S P, RYAN L. Patent renewal fees and self-fun-
ding patent offices［J］. Topics in theoretical economics, 2004, 4
（1）：1147.

［32］ THUROW L C. Needed：a new system of intellectual property rights
［J］. Harvard business review, 1997, 75（5）：94-105.

［33］ 殷钟鹤, 吴贵生. 发展中国家的专利战略：韩国的启示［J］.
科研管理, 2003（4）：1-5.

［34］ 刘华. 知识产权制度的理性与绩效分析［M］. 北京：中国社会
科学出版社, 2004.

［35］ 吴欣望. 专利经济学［M］. 北京：社会科学文献出版社,
2005.

[36] LEI Z, WRIGHT B D. Why weak patents? rational ignorance or pro-'customer' tilt? [C]. [S.l.]: Working Paper, 2009.

[37] GALLINI N T. The economics of patents: lessons from recent U.S. patent reform [J]. Journal of economic perspectives, 2002 (16): 88-109.

[38] 乔永忠. 有效专利数量增长下的专利维持年费制度研究 [J]. 科学学研究, 2018, 36 (2): 272-278.

[39] SCHERER F M. Firm size, market structure, opportunity, and the output of patented inventions [J]. The American economic review, 1965, 55 (5): 1097-1125.

[40] SCHERER F M. The propensity to patent [J]. International journal of industrial organization, 1983, 1 (1): 107-128.

[41] MANSFIELD E, SCHWARTZ M, WAGNER S. Imitation costs and patents: an empirical study [J]. Economic journal, 1981, 91 (364): 907-918.

[42] 刘林青, 谭力文. 国外"专利悖论"研究综述: 从专利竞赛到专利组合竞赛 [J]. 外国经济与管理, 2005 (4): 10-14.

[43] BLIND K, EDLER J, FRIETSCH R, et al. Motives to patent: empirical evidence from Germany [J]. Research policy, 2006, 35 (5): 655-672.

[44] SUZUKI J, GEMBA K, TAMADA S, et al. Analysis of propensity to patent and science-dependence of large Japanese manufacturers of electrical machinery [J]. Scientometrics, 2006, 68 (2): 265-288.

[45] JAFFE A B. The US patent system in transition: policy innovation

and the innovation process [J]. Research policy, 2000, 29 (4-5): 531-557.

[46] LANJOUW J O, SCHANKEMAN M. Patent quality and research productivity: measuring innovation with multiple indicators [J]. Economic journal, 2004, 114 (495): 441-465.

[47] SCHERER F M. Nordhaus' theory of optimal patent life: a geometric reinterpretation [J]. American economic review, 1972, 62: 422-427.

[48] GALLINI N T. Patent policy and costly imitation [J]. Rand journal of economics, 1992, 23 (1): 52-63.

[49] KLEMPERER P. How broad should the scope of patent protection be? [J]. Rand journal of economics, 1990, 29 (1): 113-128.

[50] SCHERER F M. The economics of the human gene patents [J]. Academic medicine, 2002, 77 (2): 1348-1367.

[51] POTTELSBERGHE V B. The quality factor in patent systems [J]. Industrial corporate change, 2011, 20 (6): 1755-1793.

[52] EISENBERG R S. Obvious to whom? evaluating inventions from the perspective of PHOSITA [J]. Berkeley technology law journal, 2004, 19 (3): 885-906.

[53] DREYFUSS R C. Non-obviousness: comment on three learned papers [J]. Lewis and Clark law review, 2008, 12: 431-441.

[54] NOVECK B. Peer to patent: collective intelligence, open review, and patent reform [J]. Harvard journal of law and technology, 2006, 20 (1): 123-162.

[55] HARHOFF D. Patent quality and examination in Europe [J]. American economic review, 2016, 106 (5): 193-197.

[56] LICHTMAN D, LEMLEY M A. Rethinking patent law's presumption of validity [J]. Stanford law review, 2007, 60 (1): 42-72.

[57] HOENIG D, HENKEL J. Quality signals? the role of patents, alliances, and team experience in venture capital financing [J]. Research policy, 2015, 44 (5): 1049-1064.

[58] MOWERY D C, ZIEDONIS A A. Academic patent quality and quantity before and after the Bayh-Dole Act in the United States [J]. Research policy, 2002, 31 (3): 399-418.

[59] 程良友, 汤珊芬. 我国专利质量现状、成因及对策探讨 [J]. 科技与经济, 2006 (6): 37-40.

[60] 吴红. 专利工作应由追求数量向调整结构和提高质量转变 [J]. 科技管理研究, 2006 (2): 21-23, 27.

[61] 魏衍亮. 垃圾专利问题与防御垃圾专利的对策 [J]. 电子知识产权, 2007 (12): 59-61.

[62] FRAKES M D, WASSERMAN M F. The failed promise of user fees: empirical evidence from the US patent and trademark office [J]. Journal of empirical legal studies, 2014, 11 (4): 602-636.

[63] 江宏庆, 张希华, 南雁. 垃圾专利问题的一些思考 [J]. 科技信息 (科学教研), 2007 (25): 3-4.

[64] 袁真富. 中国专利竞赛: 理性指引与策略调整——我国专利申请总量突破300万后的沉思 [J]. 电子知识产权, 2006 (11): 20-23, 36.

[65] 吴欣望, 石杰. 强化知识产权保护及其对策 [J]. 山东社会科学, 2007 (4): 73-75.

［66］姚军. 企业专利申请少的症结及对策研究［J］. 杭州科技,
2002（4）: 14-40.

［67］管煜武. 地方政府知识产权战略管理研究: 以上海为例［D］.
上海: 同济大学, 2007.

［68］BESSEN J, MEURER M. Patent failure: how judges, bureaucrats,
and lawyers put innovators at risk［M］. Princeton: Princeton Universi-
ty Press, 2008.

［69］CAILLAUD B, DUCHÊNE A. Patent office in innovation policy:
nobody's perfect［J］. International journal of industrial organiza-
tion, 2011, 29（2）: 242-252.

［70］GILBERT R, SHAPIRO C. Optimal patent length and breadth
［J］. Rand journal of economics, 1990, 21（1）: 106-112.

［71］许永兵, 徐圣银. 长波、创新与美国的新经济［J］. 经济学家,
2001（3）: 55-61.

［72］PICARD P M, POTTELSBERGHE V B. Patent office governance
and patent examination quality［J］. Journal of public economics,
2013, 104: 14-25.

［73］DE RASSENFOSSE G, JAFFE A B. Are patent fees effective at
weeding out low-quality patents?［J］. Journal of economics & man-
agement strategy, 2018, 27（1）: 134-148.

［74］BERKOWITZ M K, KOTOWITZ Y. Patent policy in an open eco-
nomy［J］. Canadian journal of economics - revue Canadienne D
economique, 1982, 15（1）: 1-17.

［75］ROSENBERG N. Exploring the black box: technology, economics,
and history［M］. Cambridge: Cambridge University Press, 1994.

[76] 吴汉东. 利弊之间: 知识产权制度的政策科学分析 [J]. 法商研究, 2006 (5): 6-15.

[77] 弗里曼, 苏特. 工业创新经济学 [M]. 华宏勋, 华宏慈, 译. 北京: 北京大学出版社, 2004.

[78] MOSER P, NICHOLAS T. Prizes, publicity and patents: non-monetary awards as a mechanism to encourage innovation [J]. Journal of industrial economics, 2013, 61 (3): 763-788.

[79] REINGANUM J. A dynamic game of R&D: patent protection and competitive behavior [J]. Econometrica, 1982: 213.

[80] 戴焰. 我国专利战略的政府政策研究: 以浙江省为例 [D]. 杭州: 浙江大学, 2006.

[81] BAUDRY M, DUMONT B. Patent renewals as options: improving the mechanism for weeding out lousy patents [J]. Review of industrial organization, 2006, 28 (1): 41-62.

[82] 赖院根, 朱东华, 刘玉琴. 专利法律状态信息分析的理论研究及其实证 [J]. 情报杂志, 2007 (8): 56-59.

[83] 梅夏英. 财产权构造的基础分析 [D]. 武汉: 武汉大学, 2000.

[84] LEMLEY M A. Rational ignorance at the patent office [J]. Northwestern University law review, 2001, 95 (4): 1495-1532.

[85] ALLISON J R, LEMLEY M A. Empirical evidence on the validity of litigated patents [J]. SSRN electronic journal, 1998, 26 (3).

[86] ARCHONTOPOULOS E, GUELLEC D, STEVNSBORG N, et al. When small is beautiful: measuring the evolution and consequences of the voluminosity of patent applications at the EPO [J]. Information economics and policy, 2007, 19 (2): 103-132.

［87］ REITZIG M. Improving patent valuations for management purposes-validating new indicators by analyzing application rationales ［J］. Research policy, 2004, 33 （6-7）: 939-957.

［88］ SAMPAIO J G, BORSCHIVER S. Analysis of patent examination effort distribution based on the queuing theory ［J］. Journal of technology management & innovation, 2008, 3 （4）: 1-16.

［89］ TAM P-W. More patents, please! ［J］. Wall street journal, 2002 （10）: 3.

［90］ ARROW K J. The external costs of voting rules: a note on Guttman, Buchanan, and Tullock ［J］. European journal of political economy, 1998 （14）: 219-222.

［91］ BAARSMA B E, LAMBOOY J G. Valuation of externalities through neo-classical methods by including institutional variables ［J］. Transportation research part D transport and environment, 2005, 10 （6）: 459-475.

［92］ YOUNG A. The politics of regulation: privatized utilities in Britain ［M］. London: Palgrave Macmillan, 2001.

［93］ DAS S. Externalities, and technology transfer through multinational corporations a theoretical analysis ［J］. Journal of international economics, 1987, 22 （1-2）: 171-182.

［94］ 张建英. 专利文献在技术创新中的应用 ［J］. 图书馆学研究, 2003 （9）: 91-94.

［95］ BAKER S, MEZZETTI C. Disclosure as a strategy in the patent race ［J］. Journal of law & economics, 2005, 48 （1）: 173-194.

［96］ 魏衍亮. 垃圾专利的法律规制 ［J］. 今日科技, 2006 （2）: 8.

[97] HALL B, HARHOFF D. Post grant review systems at the US patent office-design parameters and expected impact [J]. Berkeley law technology journal, 2008 (2): 47.

[98] BURKE P F, REITZIG M. Measuring patent assessment quality—analyzing the degree and kind of (in) consistency in patent offices' decision making [J]. Research policy, 2007, 36 (9): 1404-1430.

[99] QUILLEN Jr C D, WEBSTER O H. Continuing patent applications and performance of the U. S. patent office [J]. The federal circuit bar journal, 2001, 11 (1): 1-21.

[100] IPRIA. Factors affecting the power of patent rights [C]. [S.l.]: intellectual property research institute of Australia working paper, 2004.

[101] DE RASSENFOSSE G, DE LA POTTERIE B V P. On the price elasticity of demand for patents [J]. Oxford bulletin of economics and statistics, 2012, 74 (1): 58-77.

[102] POPP D, JUHL T, JOHNSON D K N. Time in purgatory: examining the grant lag for U. S. patent applications [J]. Topics in economic analysis & policy, 2004, 4 (1): 29.

[103] XIE Y, GILES D. A survival analysis of the approval of U. S. patent applications [J]. Applied economics, 2011, 43 (11): 1375-1384.

[104] AMITRAJEET A B, GREGORY J D. Average patent pendency and examination errors: a queuing theoretic analysis [J]. International journal of foresight & innovation policy, 2008, 4 (1): 112-128.

［105］DUYSTERS G, VANHAVERBEKE W, BEERKENS B. Technological capability building through networking strategies within high-tech industries ［J］. Academy of management annual meeting proceedings, 2007（5）: 18.

［106］BESLEY T, COATE S. Centralized versus decentralized provision of local public goods: a political economy approach ［J］. Journal of public economics, 2003, 87（12）: 2611-2637.

［107］LERNER J. Patent protection and innovation over 150 years ［J］. American economic review, 2002（2）: 48.

［108］王锋. 专利申请基金政府作用的体现 ［J］. 河南科技月刊, 2003（3）: 18-19.

［109］寇宗来. 专利制度的功能和绩效: 一个不完全契约理论的方法 ［D］. 上海: 复旦大学, 2003.

［110］ROBIN C, DOMINIQUE F. The economics of codification and the diffusion of knowledge ［J］. Industrial & corporate change, 1997（3）: 595-622.

［111］ARROW K J. Economic welfare and the allocation of resources for invention ［J］. The rate & direction of inventive activity economic & social factors, 2018: 620.

［112］LEE T, WILDE L. Market structure and innovation: a reformulation ［J］. Quarterly and journal of economics, 1980（94）: 429-436.

［113］寇宗来. 专利知识的低效使用和最优专利设计 ［J］. 世界经济文汇, 2004（4）: 51-59.

［114］NTI K O. Stability in the patent race contest of Lee and Wilde

[J]. Economic theory, 1999, 14 (1): 237-245.

[115] DESROCHERS P. Excludability, creativity and the case against the patent system [J]. Economic affairs, 2010, 20 (8): 149.

[116] KING J, COHEN W M, MERRILL S A. Patent examination procedures and patent quality [M]. Washington D. C.: National Academies Press, 2003.

[117] WRIGHT B D. The economics of invention incentives: patent, prizes and research contracts [J]. American economic review, 1983, 73 (4): 691-707.

[118] 刘小明. 财政转移支付制度研究 [D]. 北京: 中共中央党校, 1999.

[119] 杨志勇, 张馨. 公共经济学 [M]. 北京: 清华大学出版社, 2004.

[120] 刘娅. 对我国科技创新主体获得国外知识产权进行国家资助的几点思考 [J]. 科技进步与对策, 2007 (6): 1-4.

[121] 2007年信息技术领域专利态势分析报告 [J]. 电子知识产权, 2007 (9): 15-19, 41.

[122] 陈昌柏. 知识产权经济学 [J]. 自然科学进展, 2004 (1): 7.

[123] 黄勇兵, 谭义勋. 我国发明专利申请授权现状分析 [J]. 法制与社会, 2007 (1): 691-692.

[124] MATSUSHITA M, SCHOENBAUM T J, MAVROIDIS P C. The World Trade Organization: law, practice and policy [M]. Oxford: Oxford University Press, 2003.

[125] WILCOX W K. GATT-based protectionism and the definition of a subsidy [J]. Boston University international law journal,

1998: 138.

[126] COLLINS W T, SALEMBIER G. International disciplines on subsidies: the GATT, the WTO and the future agenda [J]. Journal of world trade, 1996, 30 (1): 5-17.

[127] KLEINFELD G, KAYE D. Green light? the 1994 agreement on subsidies and countervailing measures, research and development assistance, and US policy [J]. Journal of world trade, 1994 (6): 28.

[128] MCNELIS N. National treatment and WTO dispute settlement: adjudicating the boundaries of regulatory autonomy [J]. Common market law review, 2003, 40 (6): 1565-1566.

[129] 余劲松. TRIPS 协议研究 [J]. 法学评论, 2001 (2): 46.

[130] KAUFER E. Economics of the patent system: harwood fundamentals of applied economics [M]. New York: Routledge, 2002.

[131] GALLINI N, SCOTCHMER S. Intellectual property: when is it the best incentive mechanism? [M]. Cambridge: The MIT Press, 1994.

[132] FISHER C. Should patent office fees be increased? [J]. Journal of the patent office society, 1954, 36 (2): 82-92.

[133] KIM Y K, OH J B. Examination workloads, grant decision bias and examination quality of patent office [J]. Research policy, 2017, 46 (5): 1005-1019.

[134] CAO S, LEI Z, OH J B. How do firms utilize the deferred patent examination system? evidence from Korea [J]. European journal of innovation management, 2019, 22 (2): 234-256.

[135] COCKBURN I M, MACGARVIE M J. Patents, thickets and the

financing of early-stage firms: evidence from the software industry [J]. Journal of economics & management strategy, 2009, 18 (3): 729-773.

[136] LESLIE C R. The anticompetitive effects of unenforced invalid patents [J]. Minnesota law review, 2006, 91 (1): 101-183.

[137] GALASSO A, SCHANKERMAN M. Patents and cumulative innovation: causal evidence from the courts [J]. Quarterly journal of economics, 2015, 130 (1): 317-369.

[138] SCHANKERMAN M, PAKES A. Estimates of the value of patent rights in European countries during the post - 1950 period [J]. Economic journal, 1986, 96 (384): 1052-1076.

[139] HARHOFF D, HOISL K, REICHL B, et al. Patent validation at the country level: the role of fees and translation costs [J]. Research policy, 2009, 38 (9): 1423-1437.

[140] BESSEN J, NEUHAEUSLER P, TURNER J L, et al. Trends in private patent costs and rents for publicly-traded United States firms [J]. International review of law and economics, 2018, 56: 53-69.

[141] GRABOWSKI H G, VERNON J M. Effective patent life in pharmaceuticals [J]. International journal of technology management, 2000, 19 (1-2): 98-120.

[142] DE RASSENFOSSE G, DE LA POTTERIE B V P. The role of fees in patent systems: theory and evidence [J]. Journal of economic surveys, 2013, 27 (4): 696-716.

[143] THOMPSON M J. The cost of patent protection: renewal propensi-

ty [J]. World patent information, 2017, 49: 22-33.

[144] LEMLEY M A, MELAMED A D. Missing the forest for the trolls [J]. Columbia law review, 2013, 113 (8): 2117-2190.

[145] BOEING P, MUELLER E. Measuring patent quality in cross-country comparison [J]. Economics letters, 2016, 149: 145-147.